U0355969

中等职业教育课程改革实验教材

应用数学

基础模块 上册

《应用数学》编写组 编写

苏州大学出版社

图书在版编目(CIP)数据

应用数学.基础模块 上册/章亦华,胡坷主编;《应用数学》编写组编写.—苏州:苏州大学出版社,2007.7(2022.6重印)
中等职业教育课程改革实验教材
ISBN 978-7-81090-848-1

Ⅰ.应… Ⅱ.①章…②胡…③应… Ⅲ.应用数学-专业学校-教材 Ⅳ.O29

中国版本图书馆 CIP 数据核字(2007)第 109414 号

应用数学
基础模块 (上册)
《应用数学》编写组 编写
责任编辑 李 娟

苏州大学出版社出版发行
(地址:苏州市十梓街 1 号 邮编:215006)
广东虎彩云印刷有限公司印装
(地址:东莞市虎门镇北栅陈村工业区 邮编:523898)

开本 787mm×1 092mm 1/16 印张 8 字数 156 千
2007 年 7 月第 1 版 2022 年 6 月第 17 次修订印刷
ISBN 978-7-81090-848-1 定价:20.00 元

苏州大学版图书若有印装错误,本社负责调换
苏州大学出版社营销部 电话:0512-67481020
苏州大学出版社网址 http://www.sudapress.com

中等职业教育课程改革实验教材
编委会名单

《应用数学·基础模块（上册）》编写组名单

主　　编：章亦华　胡　坷

副 主 编：李根深

编写人员：（按姓氏笔画排序）

王光芳　朱芳芳　刘建民　许桂珍

李根深　何志伟　宋　丹　陈　娟

张玉芳　费洪华　夏　洁　梅春林

薛丽萍

编写说明

随着教学改革的深入，中等职业学校课程改革越来越受到人们的关注. 数学作为一门文化基础课，具有基础性和工具性的双重功能，是提高学生职业素养和综合能力的重要保证. 它的任务一方面，要切实提高学生的数学素养，培养学生的基本运算、数学思维和简单实际应用等能力，开拓视野，发展智力、个性和特长；另一方面，要为学生学习专业知识、形成职业技能、转换职业岗位、接受继续学习、引导终身发展提供必要的文化基础和应用工具. 同时，引导学生逐步养成良好的学习习惯、实践意识、创新意识和实事求是的科学态度，提高学生就业能力与创业能力. 为此，我们依据国家教育部教职成[2009]3 号文件中《中等职业学校数学教学大纲》的精神，遵循"实用、够用"的原则，认真组织对教学大纲的学习、研究，在总结多年来数学教学改革经验的基础上，编写了本教材.

本教材在编写思路上体现出以下特点：突出职业特色，贴近学生实际；重视直觉判断，淡化逻辑推理；重视道理的说明，淡化严密的证明；重视看图、识图，淡化作图；重视使用计算器，淡化运算技巧. 同时，适当降低难度，增加情景引入，把深奥的、抽象的、冰冷的数学知识直观化、趣味化、生活化，并选取与专业课密切相关的知识点作为学习内容.

在教材的编写中，我们也注重考虑了考核与评价改革的问题，从知识、技能、态度三个方面突出评价的导向、激励功能. 希望广大教师更多地应用发展性评价的理论，结合学校、专业、学生的实际情况，注重过程性评价，研究并制定数学课程考核评价体系和实施方案.

本教材为《中等职业学校数学教学大纲》中的基础模块，分上、下两册，是各专业学生必修的基础性内容和应达到的基本要求，教学时数为 128 学时.

本书由章亦华、胡坷主编，李根深副主编，参加编写的有宋丹、陈娟、张玉芳、费洪华、梅春林、薛丽萍、朱芳芳、夏洁、王光芳等. 本书在编写过程中参考了有关资料，在此一并表示感谢！

限于编者的经验和水平，疏漏和不当在所难免，恳请老师和同学们在使用过程中提出宝贵的意见和建议.

编　者

2010 年 5 月

Contents 目录

第一章

集　合

为科学而疯的人——康托尔

集合是数学中最原始的概念之一，只能作描述性的说明.集合理论的创始人是德国的数学家康托尔(1845—1918).下面我们就来了解一下这位为科学而疯的人——康托尔.

康托尔生于俄国彼得堡一丹麦犹太血统的富商家庭，10 岁随家迁居德国，自幼对数学有浓厚兴趣，23 岁获博士学位，以后一直从事数学教学与研究.他所创立的集合论已被公认为全部数学的基础.

由于研究无穷时往往会推出一些合乎逻辑但又荒谬的结果(称为“悖论”)，许多大数学家唯恐陷进去而采取退避三舍的态度.在 1874—1876 年期间，年轻的德国数学家康托尔向神秘的无穷宣战.他靠着辛勤的汗水，成功地证明了一条直线上的点能够和一个平面上的点一一对应，也能和空间中的点一一对应.这样看起来，1cm 长的线段内的点与太平洋面上的点，以及整个地球内部的点都“一样多”.后来几年，康托尔对这类“无穷集合”问题发表了一系列文章，通过严格证明得出了许多惊人的结论.

康托尔的创造性工作与传统的数学观念发生了尖锐冲突，遭到一些人的反对、攻击甚至谩骂.有人说，康托尔的集合论是一种“疾病”，康托尔的概念是“雾中之雾”，甚至说康托尔是“疯子”.来自数学权威们的巨大精神压力终于摧垮了康托尔,使他心力交瘁,患了精神分裂症,被送进精神病医院.

真金不怕火炼,康托尔的思想终于大放光彩.1897 年举行的第一次国际数学家会议上,他的成就得到承认,伟大的哲学家、数学家罗素称赞康托尔的工作"可能是这个时代所能夸耀的最巨大的工作".可是这时康托尔仍然神志恍惚,不能从人们的崇敬中得到安慰和喜悦.1918 年 1 月 6 日,康托尔在一家精神病院去世.

§1.1 集合及其表示

1.1.1 集合的基本概念

1. 集合的含义

在小学和初中我们曾接触过一些集合,那么集合的含义究竟是什么呢?下面我们来考察几组事物:

(1) 某学校的全体学生;

(2) 中国古代的四大发明;

(3) 1 到 20 以内所有的质数;

(4) 所有的正方形;

(5) 丰田汽车公司 2005 年生产的所有汽车.

它们分别是由一些学生、发明、数、图形、汽车所组成的,这里的学生、发明、数、图形、汽车都是所考察的对象.一般地,把一些能够确定的对象看成一个整体,我们就说,这个整体是由这些对象的全体构成的**集合**,简称**集**,构成集合的每个对象都叫集合的**元素**.

例如,(2)是由造纸术、火药、指南针、印刷术组成的集合,其中的对象造纸术、火药、指南针、印刷术都是这个集合的元素.

2. 集合构成的基本原则

(1) 确定性原则

作为集合的元素必须是能够确定的.这就是说,不能确定的对象就不能构成集合.例如,某学校电子(1)班的高个子同学的全体,就不能构成集合.这是因为没有规定多高才算是高个子,所以高个子不能确定.

(2) 互异性原则

对于一个给定的集合,集合中的元素是互异的.这就是说,集合中的任何两个元素都是不同的对象，相同的对象归入同一个集合时，只能算作集合的一个元素. 因此，集合中的元素不允许重复出现.

(3) 无序性原则

在一个给定的集合中，元素的排列不讲顺序.

3. 集合和元素

我们通常用英文大写字母 $A,B,C,\cdots$ 表示集合，用英文小写字母 $a,b,c,\cdots$ 表示元素.

如果 a 是集合 A 的元素，就说 a 属于 A，记作 $a\in A$，读作 a 属于 A.

如果 a 不是集合 A 的元素，就说 a 不属于 A，记作 $a\notin A$，读作 a 不属于 A.

例如，我们用 A 表示由 1,2,3,4,5 组成的集合，那么有 $1\in A, 3\in A, \frac{1}{2}\notin A$ 等.

4. 数学中的常用数集及其记法

(1) 自然数集，记作 $\mathbf{N}$；

(2) 所有正整数组成的集合，记作 $\mathbf{N}^*$ 或 $\mathbf{N}_+$；

(3) 全体整数构成的集合，记作 $\mathbf{Z}$；

(4) 全体有理数构成的集合，记作 $\mathbf{Q}$；

(5) 全体实数构成的集合，记作 $\mathbf{R}$.

5. 有限集和无限集

构成集合的事物(元素)个数可以是有限个，也可以是无限个. 我们将含有有限个元素的集合叫做有限集，含有无限个元素的集合叫做无限集.

1.1.2 集合的表示

表示一个集合常用的方法有两种：列举法和描述法.

1. 列举法

我们可以把“地球上的四大洋”组成的集合表示为{太平洋，大西洋，北冰洋，印度洋}，把方程 $(x-1)(x-2)=0$ 所有的实数根组成的集合表示为 $\{1,2\}$. 像这样把集合中的元素一一列举出来，彼此之间用逗号分开，写在一个大括号内，这种集合的表示方法叫做列举法.

例 1 用列举法表示下列集合：

(1) 小于 10 的所有自然数组成的集合；

(2) 1～20 以内所有的质数组成的集合；

(3) 中国古代的四大发明组成的集合；

(4) 不大于 100 的自然数组成的集合；

(5) 方程 $x+2=0$ 在实数范围内的解集；

(6) 方程 $x^2+2=0$ 在实数范围内的解集.

解 (1) 小于 10 的所有自然数组成的集合可表示为

$$\{0,1,2,3,4,5,6,7,8,9\}.$$

(2) 1～20以内所有的质数组成的集合可表示为

$$\{2,3,5,7,11,13,17,19\}.$$

(3) 中国古代的四大发明组成的集合可表示为

{造纸术、火药、指南针、印刷术}.

(4) 不大于100的自然数组成的集合可表示为

$$\{0,1,2,3,\cdots,100\}.$$

(5) 方程 $x+2=0$ 在实数范围内的解集可表示为 $\{-2\}$.

(6) 方程 $x^2+2=0$ 在实数范围内的解集可表示为 $\varnothing$.

注 $\varnothing$ 为空集,空集不含任何元素.

2. 描述法

把集合中元素的公共属性描述出来,写在大括号内表示集合的方法,叫做描述法.

具体方法是:

方法一 在大括号内先写出这个集合的元素的一般形式,再划一条竖线,在竖线的右边列出集合的元素的特征性质.

例如,不大于7的自然数组成的集合 $\{0,1,2,3,4,5,6,7\}$ 可以表示为 $\{x \mid x$ 是不大于7的自然数$\}$. 又如,不小于3的实数组成的集合可表示为 $\{x \mid x \geqslant 3\}$.

方法二 把集合中元素的特征性质直接写在大括号内.

例如,上面第一个集合可以表示为{不大于7的自然数}.

例2 用描述法表示下列集合:

(1) 大于1小于3的全体实数构成的集合;

(2) 某某学校的全体学生构成的集合.

解 (1) $\{x \in \mathbf{R} \mid 1<x<3\}$.

(2) {某某学校的学生}.

练习 1.1

1. 判断以下元素的全体是否构成集合,并说明理由:

(1) 大于3小于11的偶数;

(2) 我国的小河流;

(3) 我班性格开朗的同学.

2. 用"$\in$, $\notin$"填空:

(1) 0 ________ $\mathbf{N}$;

(2) $\sqrt{3}$ ________ $\mathbf{Q}$;

(3) π ________ $\mathbf{Q}$;

(4) $\frac{6}{7}$ ________ $\mathbf{R}$.

3. 用列举法表示下列集合：

(1) {大于 5 小于 13 的偶数}；

(2) {平方等于 9 的数}；

(3) 方程 $x^2-3x+2=0$ 的解集；

(4) {大于 -3 小于 2 的整数}.

4. 用描述法表示下列集合：

(1) 不等式 $2x-1<0$ 的解集；

(2) {造纸术、火药、指南针、印刷术}；

(3) {红桃、方块、梅花、黑桃}；

(4) {a,e,i,o,u}.

§1.2 集合之间的关系

1.2.1 集合的包含关系

观察下列集合 A 与集合 B 的关系(共性)：

(1) $A=\{1,2,3\}$，$B=\{1,2,3,4,5\}$；

(2) $A=\mathbf{N}$，$B=\mathbf{Q}$；

(3) $A=\{-2,4\}$，$B=\{x \mid x^2-2x-8=0\}$.

我们发现集合 A 中的任何一个元素都是集合 B 的元素.

一般地，对于两个集合 A 与 B，如果集合 A 中的任何一个元素都是集合 B 中的元素，我们就说集合 A 包含于集合 B 或集合 B 包含集合 A，记作 $A\subseteq B$ 或 $B\supseteq A$，读作 A 包含于 B 或 B 包含 A.

若任意 $x\in A$ 都有 $x\in B$，则 $A\subseteq B$. 我们可以说集合 A 是集合 B 的**子集**.

当集合 A 不包含于集合 B，或集合 B 不包含集合 A 时，记作 $A\not\subseteq B$ 或 $B\not\supseteq A$.

对于两个集合 A 与 B，如果 $A\subseteq B$，并且 $A\neq B$，我们就说集合 A 是集合 B 的**真子集**，记作 $A\subsetneqq B$ 或 $B\supsetneqq A$，读作 A 真包含于 B 或 B 真包含 A.

规定：空集是任何集合的子集，即 $\varnothing\subseteq A$.

空集是任何非空集合的真子集，即若 $A\neq\varnothing$，则 $\varnothing\subsetneqq A$.

任何一个集合是它本身的子集，即 $A\subseteq A$.

易混符号：

(1) “$\in$”与“$\subseteq$”：元素与集合之间是属于关系，集合与集合之间是包含关系，如 $1\in\mathbf{N}$，

$-1\notin \mathbf{N},\mathbf{N}\subseteq\mathbf{R},\varnothing\subseteq\mathbf{R},\{1\}\subseteq\{1,2,3\}$；

(2) $\{0\}$与$\varnothing$：$\{0\}$是含有一个元素 0 的集合，$\varnothing$是不含任何元素的集合，如 $\varnothing\subseteq\{0\}$，不能写成$\varnothing=\{0\}$，$\varnothing\in\{0\}$.

例 1 (1) 写出 $\mathbf{N},\mathbf{Z},\mathbf{Q},\mathbf{R}$ 的包含关系，并用文氏图表示.

(2) 判断下列写法是否正确：

① $\varnothing\subseteq A$；② $\varnothing\subsetneqq A$；③ $A\subseteq A$；④ $A\subsetneqq A$.

解 (1) $\mathbf{N}\subseteq\mathbf{Z}\subseteq\mathbf{Q}\subseteq\mathbf{R}$，文氏图表示如图 1-1 所示.

(2) ①正确；②错误，因为 A 可能是空集；③正确；④错误.

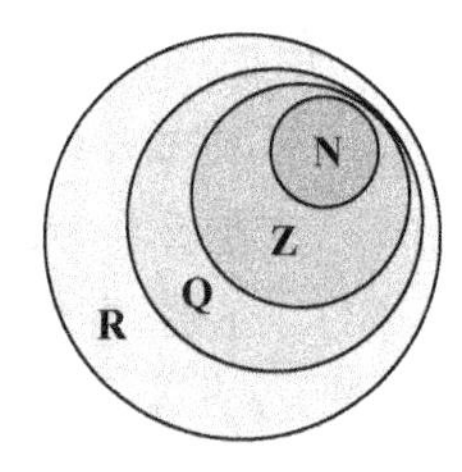

图 1-1

例 2 (1) 填空：$\mathbf{N}$ ________ $\mathbf{Z}$，$\mathbf{N}$ ________ $\mathbf{Q}$，$\mathbf{R}$ ________ $\mathbf{Z}$，$\mathbf{R}$ ________ $\mathbf{Q}$，$\varnothing$ ________ $\{0\}$.

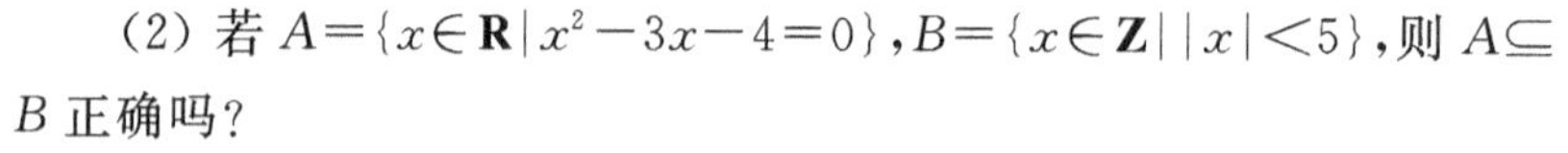

(2) 若 $A=\{x\in\mathbf{R}\mid x^2-3x-4=0\}$，$B=\{x\in\mathbf{Z}\mid |x|<5\}$，则 $A\subseteq B$ 正确吗？

(3) 是否对任意一个集合 A，都有 $A\subseteq A$？

(4) 集合$\{a,b\}$的子集有哪些？真子集有哪些？

(5) 高一(1)班同学组成的集合 A，高一年级同学组成的集合 B，则 A,B 的关系为________.

解 (1) $\mathbf{N}\subseteq\mathbf{Z}$，$\mathbf{N}\subseteq\mathbf{Q}$，$\mathbf{R}\supseteq\mathbf{Z}$，$\mathbf{R}\supseteq\mathbf{Q}$，$\varnothing\subsetneqq\{0\}$. 如图 1-1 所示.

(2) 因为$A=\{x\in\mathbf{R}\mid x^2-3x-4=0\}=\{-1,4\}$，

$$B=\{x\in\mathbf{Z}\mid |x|<5\}=\{-4,-3,-2,-1,0,1,2,3,4\},$$

所以 $A\subseteq B$ 正确.

(3) 对任意一个集合 A，都有 $A\subseteq A$.

(4) 集合$\{a,b\}$的子集有：$\varnothing,\{a\},\{b\},\{a,b\}$，真子集有：$\varnothing,\{a\},\{b\}$.

(5) A,B 的关系为 $A\subseteq B$.

例 3 解不等式 $x+3<2$，并把结果用集合表示出来.

解 $\{x\mid x+3<2\}=\{x\mid x<-1\}$.

1.2.2 集合的互补关系

一般地，如图 1-2 所示，设 S 是一个集合，A 是 S 的一个子集(即 $A\subseteq S$)，由 S 中所有不属于 A 的元素组成的集合，叫做 S 中子集 A 的**补集**，记作 $\complement_S A$，即

$$\complement_S A=\{x\mid x\in S\text{ 且 }x\notin A\}.$$

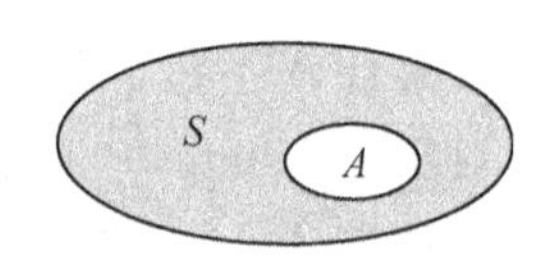

图 1-2

如果集合 S 含有我们所要研究的各个集合的全部元素，这个集合就可以看成一个全集，全集通常用 U 表示.

例 4 若 $S=\{1,2,3,4,5,6\}$，$A=\{1,3,5\}$，求 $\complement_S A$.

解 因为 $S=\{1,2,3,4,5,6\}$，$A=\{1,3,5\}$，所以由补集的定义得 $\complement_S A=\{2,4,6\}$.

例 5 已知全集 $U=\mathbf{R}$，集合 $A=\{x\mid 1\leqslant 2x+1<9\}$，求 $\complement_U A$.

解 因为 $A=\{x\mid 1\leqslant 2x+1<9\}=\{x\mid 0\leqslant x<4\}$，$U=\mathbf{R}$，所以 $\complement_U A=\{x\mid x<0$ 或 $x\geqslant 4\}$.

练习 1.2

1. 用适当的符号（$\in$，$\notin$，$\subsetneqq$，$\supsetneqq$）填空：

(1) 4 ________ $\{0,2,4,6\}$；

(2) 11 ________ $\{x\mid x=4m+3, m\in\mathbf{Z}\}$；

(3) $\{1,2\}$ ________ $\{1,2,3,4\}$；

(4) $\{5,6\}$ ________ $\{6\}$.

2. 设 $U=\{$梯形$\}$，$A=\{$等腰梯形$\}$，求 $\complement_U A$.

3. 设全集 $U=\{1,2,3,4,5\}$，$A=\{2,5\}$，求 $\complement_U A$ 的真子集的个数.

4. 若 $S=\{$三角形$\}$，$B=\{$锐角三角形$\}$，则 $\complement_S B=$ ________.

5. 写出集合 $\{1,2,3\}$ 的所有子集.

§1.3 集合的运算

1.3.1 交集、并集

已知 6 的正约数的集合为 $A=\{1,2,3,6\}$，10 的正约数的集合为 $B=\{1,2,5,10\}$，那么 6 与 10 的正公约数的集合为 $C=\{1,2\}$.

观察下面两个图的阴影部分，它们同集合 A、集合 B 有什么关系？

如图 1-3 和图 1-4 所示，集合 A 和 B 的公共部分叫做集合 A 和集合 B 的**交**（图 1-3 的阴影部分），集合 A 和 B 合并在一起得到的集合叫做集合 A 和集合 B 的**并**（图 1-4 的阴影部分）.

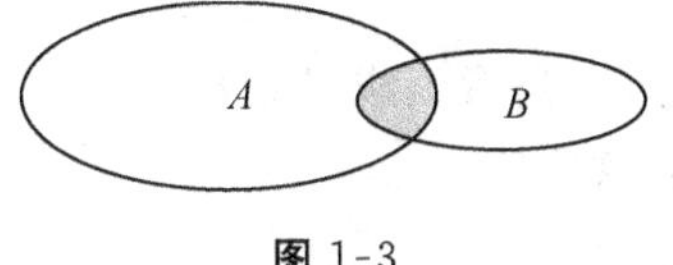

图 1-3

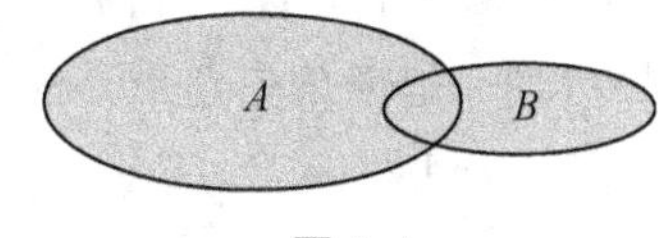

图 1-4

在上面的问题中，集合 $C=\{1,2\}$ 是由所有属于集合 A 且属于集合 B 的元素所组成的，即集合 C 的元素是集合 A，B 的公共元素. 此时，我们就把集合 C 叫做集合 A 与 B 的交集.

一般地，由所有属于集合 A 且属于集合 B 的元素所组成的集合，叫做集合 A，B 的**交集**，记作 $A\cap B$（读作 A 交 B），即

$$A\cap B=\{x|x\in A \text{ 且 } x\in B\}.$$

例如，$\{1,2,3,6\}\cap\{1,2,5,10\}=\{1,2\}$.

又如，$A=\{a,b,c,d,e\}$，$B=\{c,d,e,f\}$，则 $A\cap B=\{c,d,e\}$.

一般地，由所有属于集合 A 或属于集合 B 的元素所组成的集合，叫做集合 A，B 的**并集**，记作 $A\cup B$（读作 A 并 B），即

$$A\cup B=\{x|x\in A \text{ 或 } x\in B\}.$$

例如，$\{1,2,3,6\}\cup\{1,2,5,10\}=\{1,2,3,5,6,10\}$.

例 1 设 $A=\{x|x>-2\}$，$B=\{x|x<3\}$，求 $A\cap B$.

解 $A\cap B=\{x|x>-2\}\cap\{x|x<3\}$

$=\{x|-2<x<3\}$.

例 2 设 $A=\{x|x$ 是等腰三角形$\}$，$B=\{x|x$ 是直角三角形$\}$，求 $A\cap B$.

解 $A\cap B=\{x|x$ 是等腰三角形$\}\cap\{x|x$ 是直角三角形$\}$

$=\{x|x$ 是等腰直角三角形$\}$.

例 3 设 $A=\{4,5,6,8\}$，$B=\{3,5,7,8\}$，求 $A\cup B$.

解 $A\cup B=\{4,5,6,8\}\cup\{3,5,7,8\}$

$=\{3,4,5,6,7,8\}$.

说明：求两个集合的交集、并集时，往往先将集合化简，两个数集的交集、并集可通过数轴直观显示. 利用文氏图表示两个集合，有助于解题.

练习 1.3

1. 求下列集合的交集：

(1) $A=\{2,4,7\}$，$B=\{-2,1,2,4\}$；

(2) $A=\{x|x\leqslant-1\}$，$B=\{x|x>-4\}$；

(3) $A=\{x|x\leqslant-1\}$，$B=\{x|x>2\}$.

2. 求下列集合的并集：

(1) $A=\{2,4,7\}$，$B=\{-2,1,2,4\}$；

(2) $A=\{x|x\leqslant-1\}$，$B=\{x|x>-4\}$；

(3) $A=\{x|x\leqslant-1\}$，$B=\{x|x>2\}$.

3. 设 $A=\{x|x$ 是锐角三角形$\}$，$B=\{x|x$ 是钝角三角形$\}$，求 $A\cup B$.

4. 设 $A=\{x|-1<x<2\}$，$B=\{x|1<x<3\}$，求 $A\cap B$.

§1.4 充分必要条件

1.4.1 命　题

判断下列语句是否正确：

(1) 0 不是自然数；

(2) 祝你好运！

(3) 至少存在一个实数 x，使得方程 $|x|-1=0$ 成立；

(4) 7 大于 5(或表示为 $7>5$).

容易判定，(1)是错误的，(2)是无法判断正确还是错误的，(3)与(4)是正确的.

叙述一件事情的语句叫做陈述句. 一个陈述句如果是正确的，就说是真的；如果是错误的，就说是假的.

能够判断真假的陈述句叫做**命题**.

数学中经常用小写字母来表示命题，例如，p：9 不是质数，q：$3\in\{1,2,5\}$.

上面四个语句中，(1)、(3)、(4)都是命题，其中(1)是假命题，(3)、(4)是真命题，而(2)不是陈述句所以不是命题.

例 1　判断下列语句是不是命题，如果是命题，请判断其真假：

(1) 9 不是质数；

(2) 集合$\{0\}$是空集吗？

(3) 3 是集合$\{1,2,5\}$中的元素.

分析　首先要判断语句是否为陈述句，不是陈述句的语句不是命题. 然后看能否判断叙述的内容是正确的还是错误的.

解　(1) 是陈述句. 显然 9 能被 3 整除，因此“9 不是质数”为真. 所以该语句是命题，并且是真命题.

(2) 这句话是疑问句，不是陈述句，故不是命题.

(3) 是陈述句. 显然“3 不是集合$\{1,2,5\}$中的元素”，因此“3 是集合$\{1,2,5\}$中的元素”是错误的. 所以该语句是命题，并且是假命题.

1.4.2 充分必要条件

初中平面几何中的定理:“如果两条直线都与第三条直线平行,那么这两条直线平行.”请问这个定理是不是命题?

这个定理是陈述句并且能判断真假,所以它是命题.

这个命题和前面的命题不同.“两条直线都和第三条直线平行”是命题,“这两条直线平行”也是命题.定理是用“如果……那么……”连接两个命题组成了新的命题,这样的命题叫做复合命题,“如果……那么……”叫做连接词.数学课程中的许多定理都采用这样的模式来描述.

不含连接词的命题叫做简单命题.

命题“两条直线都和第三条直线平行”叫做定理(复合命题)的条件,命题“这两条直线平行”叫做定理(复合命题)的结论.

设 p 和 q 分别表示两个复合命题的条件和结论,由条件 p 为真出发,经过推理得到结论 q 为真,从而得出复合命题“如果 p,那么 q”为真命题,这时就说“p 推出 q”,记作 $p\Rightarrow q$(或 $q\Leftarrow p$).

由条件 p 为真,经过推理得到结论 q 为真的过程,就是数学中通常所说的证明.

当复合命题“如果 p,那么 q”为假命题时,我们就说“p 不能推出 q”,记作 $p\nRightarrow q$(或 $q\nLeftarrow p$).

例如,设 p:两条直线都和第三条直线平行,q:这两条直线垂直,那么 $p\nRightarrow q$.

如果 $p\Rightarrow q$,那么 p 是 q 的**充分条件**,q 是 p 的**必要条件**.

例 2 指出下列各组命题中,p 是 q 的什么条件:

(1) p:$x=y$, q:$|x|=|y|$;

(2) p:$x^2=1$, q:$x=1$.

分析 判定 p 是 q 的什么条件,就是要判定 $p\Rightarrow q$ 或 $p\Leftarrow q$ 是否成立.

解 (1) 因为由 $x=y$ 能够推出 $|x|=|y|$,而由 $|x|=|y|$ 不能够推出 $x=y$,即 $p\Rightarrow q$ 而 $p\nLeftarrow q$,所以 p 是 q 的充分条件,但不是必要条件.

(2) 因为由 $x^2=1$ 不能够推出 $x=1$,而由 $x=1$ 能够推出 $x^2=1$,即 $p\nRightarrow q$ 而 $p\Leftarrow q$,所以 p 是 q 的必要条件,但不是充分条件.

想一想:例 2 中,q 分别是 p 的什么条件?

如果 $p\Rightarrow q$,并且 $q\Rightarrow p$,那么 p 是 q 的充分且必要条件,简称**充要条件**,记作 $p\Leftrightarrow q$. p 是 q 的充要条件时,显然 q 也是 p 的充要条件,此时称“p 等价于 q”或“p 与 q 等价”.

例 3 指出下列各组命题中,p 是 q 的什么条件:

(1) p:$x>3$, q:$x>5$;

(2) p:$x-2=0$,q:$(x-2)(x+5)=0$;

(3) p:$-3x>6$,q:$x<-2$

分析 本题关键是要判定 $p\Rightarrow q$ 或 $p\Leftarrow q$ 是否成立.

解 (1) 因为由 $x>3$ 不能推出 $x>5$,但是由 $x>5$ 能够推出 $x>3$,即 $p\nRightarrow q$ 而 $p\Leftarrow q$,所

以 p 是 q 的必要不充分条件.

(2) 因为由 $x-2=0$ 能够推出 $(x-2)(x+5)=0$,但是由 $(x-2)(x+5)=0$ 不能推出 $x-2=0$,即 $p\Rightarrow q$ 但 $p\nLeftarrow q$,所以 p 是 q 的充分不必要条件.

(3) 因为由 $-3x>6$ 能够推出 $x<-2$,并且由 $x<-2$ 也能够推出 $-3x>6$,即 $p\Rightarrow q$ 且 $p\Leftarrow q$,所以 p 与 q 等价,即 p 是 q 的充要条件.

练习 1.4

1. 简答题:

(1) 什么是命题?什么是真命题?

(2) 什么是简单命题?什么是复合命题?

(3) 什么是充分条件?什么是必要条件?什么是充要条件?

2. 用符号"$\Rightarrow$","$\Leftarrow$"或"$\Leftrightarrow$"填空:

(1) "$x=2$"________"$x^2-4=0$";

(2) "a 是整数"________"a 是自然数";

(3) "a 是有理数"________"a 是实数";

(4) "a 是 6 的倍数"________"a 是 3 的倍数";

(5) "$a-4$ 是实数"________"a 是实数";

(6) "$\triangle ABC$ 的每个内角都是 $60°$"________"$\triangle ABC$ 为等边三角形".

3. 指出下列各组命题中,p 是 q 的什么条件:

(1) p: $a<-1$, q: $a<-2$;

(2) p: $a=3$, q: $a>-1$;

(3) p: $a>b>0$, q: $|a|>|b|$;

(4) p: 整数 a 能够被 5 整除, q: 整数 a 的末位数字为 5.

趣味岛

谁是盗窃犯?

在一桩盗窃案中,有两个嫌疑犯甲和乙,另有四个证人正在受到询问.

第一个证人说:"我只知道甲未盗窃."

第二个证人说:"我只知道乙未盗窃."

第三个证人说:"前面两个证词中至少有一个是真的."

第四个证人说:"我可以肯定第三个证人的证词是假的."

通过研究调查,已经证实第四个证人说了实话,那么盗窃犯是谁?写出你的推理过程

推理如下:

第四个证人说了实话，推之第三个证人证词是假的，即“前面两个证词中至少有一个是真的”不是事实，则事实一定是两个证词全是假的．所以两人证词全是假的，甲和乙均盗窃．

生活中的数学

做下述数学试验：

工具：一块有 9 个图钉的板子，一根橡皮筋，9 个图钉排列成一个左右、上下对齐的矩形（如图 1-5 所示）．

图 1-5

方法：在附图的 12 块图钉板上，用橡皮筋圈出部分图钉构成的图钉集合后，说明各集合的元素属性，并以描述法表示各集合．

例如，图 1-5(1) 中，设橡皮筋圈出的图钉集合为 A，则

$$A=\{x \mid x \text{ 为板上图钉阵的第一行图钉}\}.$$

如果你能识别板上的图钉，例如，按从左到右、从上到下的次序，依次标注图钉为 $a_{11}, a_{12}, a_{13}, a_{21}, a_{22}, a_{23}, a_{31}, a_{32}, a_{33}$，则集合 A 也可以表示为

$$A=\{a_{11}, a_{12}, a_{13}\}.$$

最后对各集合用适当的方法归类．

复习整理

1. 主要知识点结构框图

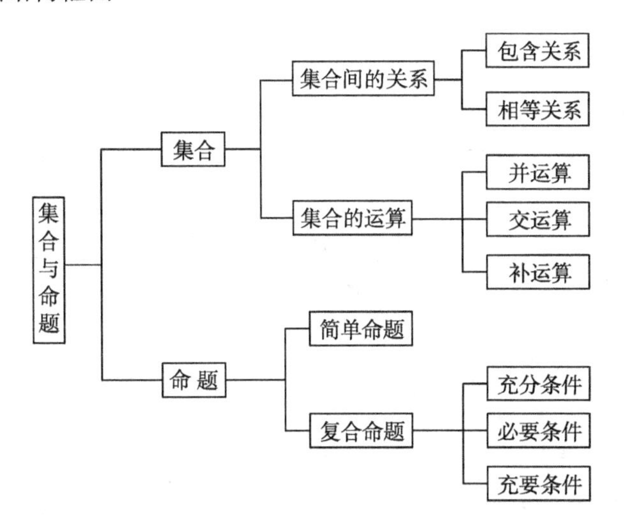

2. 重要结论

一些符号的区别：$\in$与$\notin$，元素与集合的关系；$\subseteq$与$\subsetneqq$，集合与集合的关系.

3. 重要技巧和技能

处理数学问题的着眼点有整体与局部之分.在解题过程中，我们要从整体的角度出发，对题目的条件和结论进行全面观察，总体思考，找出正确的解题途径.

复习题一

一、选择题

1. 设 $U=\{0,1,4,5,6,7,9\}$，$A=\{0,1,4,5,7\}$，则 $\complement_U A$ 等于 (　　)

A. $\{0,1,4,5,6,7,9\}$　　B. $\{10,11,12\}$　　C. $\{1,5,7\}$　　D. $\{6,9\}$

2. 集合$\{1,2,3\}$的真子集共有 (　　)

A. 5 个　　B. 6 个　　C. 7 个　　D. 8 个

3. 下列语句中，正确的是 (　　)

A. A，B 都是 C 的真子集，则 $A\cup B$ 也是 C 的真子集

B. 若 B 是非零集合，则 $\complement_U B=B$

C. A，B 都是 C 的真子集，则 $A\cap B$ 也是 C 的真子集

D. $x+100\geqslant 100000$ 的解集是有限集

4. 设全集 $U=\{a,b,c,d,e\}$，集合 $M=\{a,c,d\}$，$N=\{b,d,e\}$，那么 $M\cap\complement_U N$ 是 (　　)

A. $\varnothing$　　B. $\{d\}$　　C. $\{a,c\}$　　D. $\{b,e\}$

5. 下列命题中正确的是 (　　)

A. $ab>bc\Rightarrow a>c$　　B. $a>b\Rightarrow ac^2>bc^2$

C. $ac^2>bc^2 \Rightarrow a>b$　　D. $a>b, c>d \Rightarrow ac>bd$

6. 命题 $a>b$ 是命题 $|a|>|b|$ 的　（　）

A. 充分不必要条件　　B. 必要不充分条件

C. 充要条件　　D. 既不充分又不必要条件

二、填空题

7. 设集合 $A=\{-2,0,1,2\}, B=\{1,2,3,5\}$，则 $A\cap B=$________.

8. 设集合 $A=\{x \mid x-3>1\}, B=\{x \mid 2x-7<5\}$，则 $A\cap B=$________，$A\cup B=$________.

9. 设全集为 $U=\{-2,-1,0,1,2,3\}, A=\{0,1\}$，则 $\complement_U A=$________.

10. $A\cap B=A$ 是 $A\subseteq B$ 的________条件.

三、解答题

11. 用列举法表示下列集合：

(1) $\{x \mid x=(-1)^n, n\in \mathbf{N}\}$；

(2) $\{(x,y) \mid x+y=3, x\in \mathbf{N}, y\in \mathbf{N}\}$.

12. 用描述法表示下列集合：

(1) $\{1,3,5,7\}$；

(2) 所有正整数的倒数组成的集合.

13. 设集合 $M=\{x \mid 2x^2-5x-3=0\}, N=\{x \mid mx=1\}, N\subsetneqq M$，求实数 m.

14. 若 p: $a>0>b$, q: $|a|>|b|$，则 p 是 q 的什么条件?

自测题一

一、选择题

1. 设 $M=\{1, 2, 3\}, a=4$，则下列各式正确的是　（　）

A. $a\subseteq M$　　B. $a\in M$　　C. $a\notin M$　　D. $\{a\}\subseteq M$

2. 下列命题正确的是　（　）

A. $\{2\sqrt{11}\}\in\{x \mid x\leqslant 3\sqrt{5}\}$　　B. $2\sqrt{11}\subset\{x \mid x\leqslant 3\sqrt{5}\}$

C. $2\sqrt{11}\notin\{x \mid x\leqslant 3\sqrt{5}\}$　　D. $2\sqrt{11}\in\{x \mid x\leqslant 3\sqrt{5}\}$

3. 在 $1\subseteq\{0,1,2\}, \{1\}\in\{0,1,2\}, \{0,1,2\}\subseteq\{0,1,2\}, \varnothing\subsetneqq\{0\}$ 四个关系中，错误的个数是　（　）

A. 1　　B. 2　　C. 3　　D. 4

4. 已知全集 $U=\{x \mid -2\leqslant x\leqslant 1\}, A=\{x \mid -2<x<1\}, B=\{x \mid x^2+x-2=0\}, C=\{x \mid -2\leqslant x<1\}$，则　（　）

A. $C\subseteq A$　　B. $C\subseteq \complement_U A$　　C. $\complement_U B=C$　　D. $\complement_U A=B$

5. 命题 $|a|>|b|$ 是命题 $a>b$ 的　（　）

A. 充分不必要条件　　B. 必要不充分条件

C. 充要条件　　D. 既不充分又不必要条件

二、填空题

6. 用“$\in$，$\notin$，$\subset$，$\supset$，$=$”填空：

(1) 3 ________ $\{3,4,5,6\}$；　　(2) e ________ $\{b,c,d\}$；

(3) 0 ________ $\mathbf{N}$；　　(4) $\sqrt{5}$ ________ $\mathbf{Q}$；

(5) $\{2,-2\}$ ________ $\{2,0,-2,6\}$；　　(6) $\{a,s,k,l,p\}$ ________ $\{s,l,k\}$；

(7) $\{x|x^2+7=0\}$ ________ $\varnothing$；　　(8) $\mathbf{N}$ ________ $\mathbf{Q}$.

7. 已知 $A=\{-3, 5\}$，$B=\{-1, 7\}$，则 $A\cap B=$ ________，$A\cup B=$ ________.

8. 已知集合 $A=\{$小于 40 的自然数$\}$，$U=\{$自然数$\}$，则 $\complement_U A=$ ________.

9. 已知 $A=\{0,2,4\}$，$\complement_U A=\{-1,1\}$，$\complement_U B=\{-1,0,2\}$，则 $B=$ ________.

10. (1) 若 $S=\{2,3,4\}$，$A=\{4,3\}$，则 $\complement_S A=$ ________；

(2) 若 $S=\{1,2,4,8\}$，$A=\varnothing$，则 $\complement_S A=$ ________.

11. p：四边形 $ABCD$ 是菱形，q：四边形 $ABCD$ 是矩形，r：四边形 $ABCD$ 是正方形，则 p ____ q，p ____ r，q ____ r.

三、解答题

12. 用列举法表示下列集合：

(1) $\{x|x$ 为 30 的约数$\}$；

(2) $\{(x,y)|x\in\{1,2\},y\in\{1,2,3\}\}$.

13. 用描述法表示下列集合：

(1) 被 3 除余 2 的所有整数组成的集合；

(2) 第一象限的点的集合.

14. 写出集合$\{1,2,3\}$的所有子集.

15. 设全集 $U=\{2,3,m^2+2m-3\}$，$A=\{|m+1|,2\}$，$\complement_U A=\{5\}$，求 m.

16. 指出下列各组命题中，p 是 q 的什么条件：

(1) p：$a>2,b>3$，q：$a+b>5$；

(2) p：$ab>6$，q：$a>2,b>3$；

(3) p：$a=1,b=0$，q：$(a-1)^2+b^2=0$.

第二章

不等式

万能大师——莱布尼茨

德国有一位被世人誉为“万能大师”的通才，他就是莱布尼茨，他在数学、逻辑学、文学、史学和法学等方面都很有建树.

莱布尼茨(1646—1716)，生于莱比锡，6 岁时丧父，作为大学伦理学教授的父亲给他留下了丰富的藏书，引起了他广泛的学习兴趣. 他 11 岁时自学了拉丁语和希腊语，15 岁时因不满足对古典文学和史学的研究，进入莱比锡大学学习法律，同时对逻辑学和哲学很感兴趣. 莱布尼茨思想活跃，不盲从，有主见，在 20 岁时就写出了论文——《论组合的技巧》，创立了关于“普遍特征”的“通用代数”，即数理逻辑的新思想. 莱布尼茨还与英国数学家、大物理学家牛顿分别独立地创立了微积分学. 莱布尼茨是从哲学的角度来研究数学的，他终生奋斗的主要目标是寻求一种可以获得知识和创造发明的普遍方法，他的许多数学发现就是在这种目的的推动下获得的. 值得一提的是，他发明了能做乘法、除法的机械式计算机(十进制)，并首先系统研究了二进制记数方法，这对于现代计算机的发明至关重要.

在与牛顿并列为微积分的发明者之后，莱布尼茨变得非常自负，瞧不起任何人. 哪知，这种自负也有不堪一击的一天. 当他读到中国《河图洛书》的拉丁文译本后，激动之下将自己的微积分扔进了垃圾箱，大叹自己虽然了不起，却比不过中国人的脑筋.由此，他如痴如醉地研读有关中国文化和哲学的著作，甚至托朋友向康熙皇帝申请加入中国籍，只是自恃国势强盛的大清皇帝并不肯屈尊降贵地接纳这个化外之邦的“蛮夷”.

“世界上没有两片完全相同的树叶”这一名言就出自莱布尼茨，由这一名言，我们联想到现实世界中诸如人与人的年龄大小、高矮胖瘦，物与物的形状结构，事与事成因与结果的不同等都表现出不等的关系，这表明现实世界中的量不等是普遍的、绝对的，而相等则是局部的、相对的.研究不等关系，反映在数学上就是证明不等式与解不等式.本章将学习不等式的一些基本知识.

§2.1　不等式的性质

用符号“$>$、$<$、$\geqslant$、$\leqslant$、$\neq$”等表示量之间不等关系的式子，称为不等式.

我们知道，两个实数 a，b 之间如果满足 $a-b$ 是正数，那么 $a>b$；如果 $a-b$ 是负数，那么 $a<b$；如果 $a-b$ 等于零，那么 $a=b$.反过来也对.这就是说：

$a-b>0\Leftrightarrow a>b$；

$a-b<0\Leftrightarrow a<b$；

$a-b=0\Leftrightarrow a=b$.

由此，可以用求差法来判断两个数或两个式的大小.

例 1　比较 $\frac{2}{3}$ 和 $\frac{3}{4}$ 的大小.

解　因为 $\frac{2}{3}-\frac{3}{4}=\frac{8-9}{12}=-\frac{1}{12}<0$，所以 $\frac{2}{3}<\frac{3}{4}$.

例 2　比较 x^2+x 与 $3x-2$ 的大小，$x\in\mathbf{R}$.

解　因为 $(x^2+x)-(3x-2)=x^2+x-3x+2=x^2-2x+2$

$$=(x^2-2x+1)+1=(x-1)^2+1>0,$$

所以

$$x^2+x>3x-2.$$

在含有未知数的不等式中，能使不等式成立的未知数值的全体所构成的集合，叫做**不等式的解集**.不等式的解集，一般可用集合的描述法来表示.例如，求使不等式 $x+1>3$ 成立的 x，就是初中学过的解一元一次不等式问题.容易知道它的解是 $x>2$，不等式的解集可以表示为

$$\{x|x>2\}.$$

解不等式时经常先要对不等式变形，使之有利于求出解集.为了准确地对不等式作变

形，需要了解不等式的一些基本性质.

性质1 如果$a>b$，$b>c$，那么$a>c$.

证明 $\because$ $a>b$，$b>c$，

$\therefore$ $a-b>0$，$b-c>0$，

$\because$ $a-c=(a-b)+(b-c)$，

$\therefore$ $a-c>0$.

$\therefore$ $a>c$.

性质2 如果$a>b$，那么$a+c>b+c$.

推论 如果$a>b$，$c>d$，那么$a+c>b+d$.

性质3 如果$a>b$，$c>0$，那么$ac>bc$；如果$a>b$，$c<0$，那么$ac<bc$.

推论 如果$a>b>0$，$c>d>0$，那么$ac>bd$.

练习2.1

1. 用“$<$”或“$>$”填空：

(1) $13+5$ ______ $10+5$；　(2) $9-4$ ______ $7-4$；

(3) $7+(-2)$ ______ $6+(-2)$；　(4) $5+a$ ______ $6+a$；

(5) 3×5 ______ 9×5；　(6) $5\times(-2)$ ______ $6\times(-2)$.

2. 利用不等式的基本性质填空：

(1) 不等式$x+3>0$的两边同减去5后，不等式变为________________；

(2) 不等式$x+6\leqslant2x-4$的两边同加上3后，不等式变为________________；

(3) 不等式$\frac{1}{2}x+7>-9$的两边同乘以2后，不等式变为________________；

(4) 不等式$9x+18<18x+6$的两边同除以9后，不等式变为________________；

(5) 不等式$-\frac{1}{2}x+3\geqslant-9$的两边同乘以$-2$后，不等式变为________________；

(6) 不等式$9x+18<-18x+6$的两边同除以-9后，不等式变为________________.

3. 比较下列各组中两个实数的大小：

(1) $\frac{5}{6}$和$\frac{6}{7}$；　(2) 13.3和$13\frac{1}{3}$.

4. 比较下列各组中两个式的大小(式中的字母为任意实数)：

(1) $(a+1)^2$和$2a+1$；　(2) $(x+5)(x+7)$和$(x+6)^2$.

趣味岛

最高的与最矮的

班上有64位同学，身高都有一些微小差异. 让他们排成8行8列的方阵. 如果从每一行8位同学中挑出一位最高的，那么在挑出的8位同学中一定有一位最矮的同学A. 让这些同学回到各自原来的位置站好后，再从每一列8位同学中挑出一位最矮的，那么在挑出的8位同学中一定有一位最高的同学B. 假定A与B是不同的两个人，你看他们谁高?

这是一个很有趣的问题，但要作出满意的回答，却需动动脑筋. 首先遇到的问题是A、B两位同学的位置无法确定，更何况64人排成8行8列的方阵，其排法又何止万千！但是，问题真的那么复杂、那么难以解决吗？数学的方法可以帮你很大的忙.

A、B两位同学在方阵中的位置，不外乎以下几种情况：

(1) A与B在同一行.

这时，A是从这一行中挑出的最高的，所以A比B高.

(2) A与B在同一列.

这时，因为B是从这一列中挑出的最矮的，所以还是A比B高.

(3) A与B既不同行，也不同列.

如下图所示，我们总可以找到一个A所在的行与B所在的列相交的位置，假定排在这个位置上的是同学C，则按题目的规定，A比C高，而C比B高，所以仍然是A比B高.

```
·   ·   ·   ·   ·   ·   ·   ·
·   ·   ·(A)·   ·   ·(C)·   ·
·   ·   ·   ·   ·   ·   ·   ·
·   ·   ·   ·   ·   ·(B)·   ·
·   ·   ·   ·   ·   ·   ·   ·
·   ·   ·   ·   ·   ·   ·   ·
·   ·   ·   ·   ·   ·   ·   ·
·   ·   ·   ·   ·   ·   ·   ·
```

综上所述，不论哪种情形，A总比B高.

问题竟如此轻松地解决了！而解决问题的方法将给你留下难忘的印象. 这种方法，我们称之为分类的方法，其实质就是根据题设的条件，把该问题所要讨论的各种可能出现的情况适当地划分为若干部分，然后对各个部分分别进行讨论，最后把问题解决.

§2.2 数集的区间表示

一般集合可以用列举法、描述法、图示法等方法表示.数集作为一种特殊的集合，它还有一种更为简单的表示方法，叫做区间表示法.

设 $a,b\in\mathbf{R}$，且 $a<b$.

(1) 满足 $a\leqslant x\leqslant b$ 的全体实数 x 的集合，叫做闭区间，记作 $[a,b]$，如图 2-1 所示.

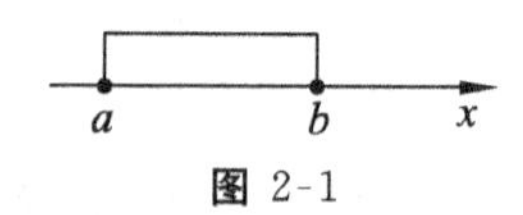

图 2-1

(2) 满足 $a<x<b$ 的全体实数 x 的集合，叫做开区间，记作 (a,b)，如图 2-2 所示.

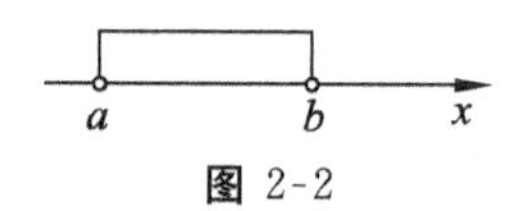

图 2-2

(3) 满足 $a\leqslant x<b$ 或 $a<x\leqslant b$ 的全体实数 x 的集合，都叫做半开半闭区间，分别记作 $[a,b)$，$(a,b]$，如图 2-3，图 2-4 所示.

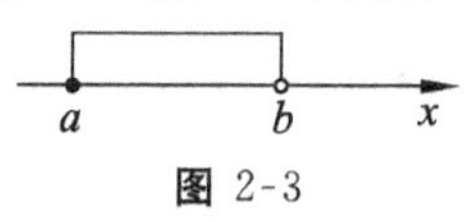

图 2-3

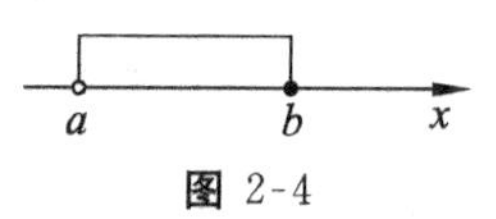

图 2-4

a 与 b 叫做区间的端点，在数轴上表示区间时，属于这个区间的实数所对应的端点，用实心点表示，不属于这个区间的实数所对应的端点，用空心点表示.

实数集 $\mathbf{R}$，可以用区间表示为 $(-\infty,+\infty)$，符号"$+\infty$"读作"正无穷大"，"$-\infty$"读作"负无穷大".

(4) 满足 $x\geqslant a$ 的全体实数 x 的集合，可以记作 $[a,+\infty)$，如图 2-5 所示.

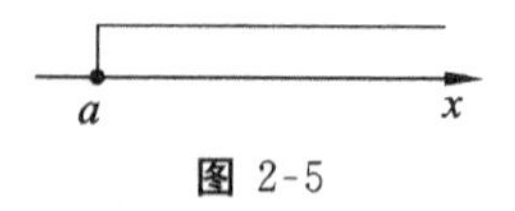

图 2-5

(5) 满足 $x>a$ 的全体实数 x 的集合，可以记作 $(a,+\infty)$，如图 2-6 所示.

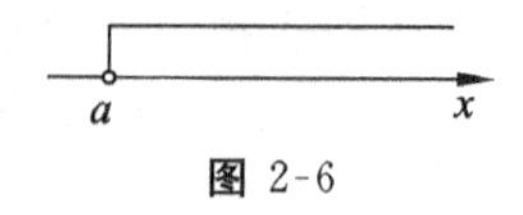

图 2-6

(6) 满足 $x\leqslant a$ 的全体实数 x 的集合，可以记作 $(-\infty,a]$，如图 2-7 所示.

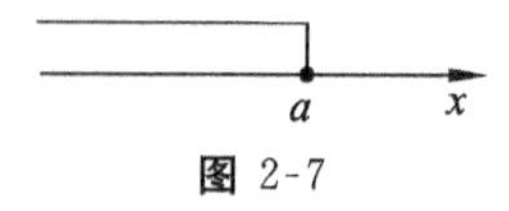

图 2-7

(7) 满足 $x<a$ 的全体实数 x 的集合，可以记作$(-\infty,a)$，如图 2-8 所示.

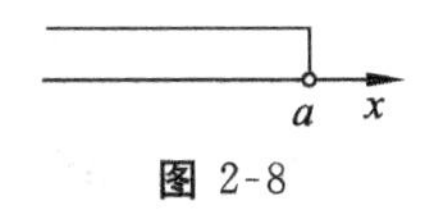

图 2-8

对于元素是实数，且以不等式表示元素属性的数集，用区间法表示十分方便.

例 1 用区间表示下列不等式的解集：

(1) $9\leqslant x\leqslant 10$；　　(2) $x\leqslant 0.4$.

解 (1) $[9,10]$；

(2) $(-\infty,0.4]$.

例 2 用集合描述法表示下列区间：

(1) $[-4,0]$；　　(2) $(-8,7]$.

解 (1) $\{x\mid -4\leqslant x\leqslant 0\}$；

(2) $\{x\mid -8<x\leqslant 7\}$.

例 3 用区间法表示集合$\{x\mid x<-2$ 或 $x\geqslant 1\}$，并在数轴上表示出来.

解 已知集合可用区间法表示为$(-\infty,-2)\cup[1,+\infty)$，如图 2-9 所示.

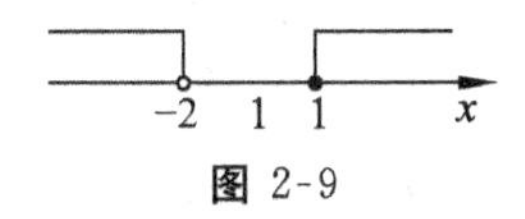

图 2-9

练习 2.2

1. 用集合描述法表示下列区间，并在数轴上表示出来：

(1) $(-\infty,-1)$；　　(2) $(-\infty,0]$；

(3) $(10,+\infty)$；　　(4) $[-2,+\infty)$；

(5) $[-1,2)$；　　(6) $(3,5]$.

2. 用区间表示下列集合，并在数轴上表示出来：

(1) $\{x\mid -3\leqslant x\leqslant 2\}$；　　(2) $\{x\mid -3\leqslant x<2\}$；

(3) $\{x\mid x\geqslant 0\}$；　　(4) $\{x\mid x<0\}$.

3. 已知 $A=[-3,5]$，$B=[-1,7]$，则 $A\cap B=$________，$A\cup B=$________.

§2.3 几类不等式的解法

2.3.1 一元一次不等式(组)的解法

在初中,我们学过一元一次不等式和一元一次不等式组.下面通过求解一元一次不等式,复习不等式的解法原理.

例1 解不等式 $2(x+1)+\frac{x-2}{3}>\frac{7x}{2}-1$.

解 原不等式两边同乘以 6,得

$$12(x+1)+2(x-2)>21x-6, \tag{1}$$

化简,得

$$14x+8>21x-6, \tag{2}$$

移项整理,得

$$-7x>-14, \tag{3}$$

两边同乘以 $\left(-\frac{1}{7}\right)$,得

$$x<2, \tag{4}$$

所以,原不等式的解集是 $\{x|x<2\}$.

从例1的解法可以看到,解不等式实际上就是利用数与式的运算法则,以及不等式的性质,对所给不等式进行变形,并要求变形后的不等式与变形前的不等式的解集相同,直到能表明未知数的取值范围为止.解集相等的不等式叫做同解不等式.在例1中不等式(1),(2),(3),(4)都是同解不等式,一个不等式变为它的同解不等式的过程,叫做不等式的同解变形.

我们知道,任何一个一元一次不等式,经过同解变形都可化为 $ax>b(a\neq0)$ 的形式,再根据不等式的性质(3),如果 $a>0$,那么它的解集是 $\left\{x\middle|x>\frac{b}{a}\right\}$;如果 $a<0$,那么它的解集是 $\left\{x\middle|x<\frac{b}{a}\right\}$.

例2 解不等式组

$$\begin{cases}10+2x\leqslant11+3x, & (5)\\ 7+2x>6+3x. & (6)\end{cases}$$

分析 这个不等式组包含两个不等式,它的解集中的元素,既要满足不等式(5),又要满足不等式(6).因此,求这个不等式组的解集,实际上就是求不等式(5)和不等式(6)的解集的交集.

解 由于原不等式组中(5)和(6)的解集分别为

$$\{x|x\geqslant-1\},\{x|x<1\},$$

所以,原不等式组的解集是

$$\{x|x\geqslant-1\}\cap\{x|x<1\}=[-1,1).$$

2.3.2 绝对值不等式的解法

在绝对值内含有未知数的不等式叫绝对值不等式.

我们来解这样两个不等式:

$$|x|>5,|x|<5.$$

由实数绝对值的几何意义可知:

(1) $|x|>5$ 等价于 $x<-5$ 或 $x>5$,即解集为

$$\{x|x<-5 \text{ 或 } x>5\};$$

(2) $|x|<5$ 等价于 $-5<x<5$,即解集为

$$\{x|-5<x<5\}.$$

一般地,如果 $a>0$,那么

$$|x|\leqslant a\Leftrightarrow -a\leqslant x\leqslant a,$$

$$|x|\geqslant a\Leftrightarrow x\leqslant -a \text{ 或 } x\geqslant a.$$

例 3 解不等式 $|3x|>2$.

解 原不等式等价于

$$3x<-2 \text{ 或 } 3x>2,$$

即

$$x<-\frac{2}{3} \text{ 或 } x>\frac{2}{3}.$$

因此,原不等式的解集是

$$\left(-\infty,-\frac{2}{3}\right)\cup\left(\frac{2}{3},+\infty\right).$$

例 4 解不等式 $|2x-3|<5$.

解 原不等式等价于

$$-5<2x-3<5,$$

即

$$-5+3<2x-3+3<5+3,$$

进而

$$-2<2x<8,$$

$$-2\times\frac{1}{2}<2x\times\frac{1}{2}<8\times\frac{1}{2},$$

从而,得

$$-1<x<4.$$

因此,原不等式的解集是 $(-1,4)$.

2.3.3 一元二次不等式的解法

含有一个未知数,并且未知数的最高次数是二次的整式不等式叫做一元二次不等式.它的一般形式是

$$ax^2+bx+c>0 \text{ 或 } ax^2+bx+c<0\ (a\neq 0),$$

其中“>”,“<”可以是“≥”,“≤”.

下面,我们通过两个例子,学习一元二次不等式的解法.

例 5 解不等式:

(1) $x^2-x-12>0$; (2) $x^2-x-12<0$.

分析 将式子 x^2-x-12 因式分解,得

$$x^2-x-12=(x+3)(x-4).$$

根据两个实数相乘的符号法则,当且仅当它们异号时,它们的积才小于零;当且仅当它们同为正或同为负时,它们的积才大于零.

解一元二次不等式,通常使用比较简洁的画数轴的方法,其大体步骤为:先将二次项的系数化为正数,再找出零点(对应的方程的根),画出数轴,由零点划分数轴,并得到区间,在各区间内标出各因式的符号,从而得到不等式的解.

解 解方程 $x^2-x-12=0$,得到 $x=-3,4$.零点 $-3,4$ 把数轴(实数集)分为 3 个区间(图 2-10)

$$(-\infty,-3),(-3,4),(4,+\infty),$$

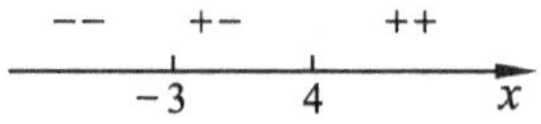

图 2-10

当 x 变化时,各因式在区间上的符号列表如下:

	$(-\infty,-3)$	$(-3,4)$	$(4,+\infty)$
$x-4$	−	−	+
$x+3$	−	+	+
$(x-4)(x+3)$	+	−	+

所以,不等式(1)的解集是 $(-\infty,-3)\cup(4,+\infty)$,不等式(2)的解集是 $(-3,4)$.

例 6 解不等式 $2x^2+5x+2<0$.

解 解方程 $2x^2+5x+2=(x+2)(2x+1)=0$,得到 $x=-2,-\dfrac{1}{2}$.零点 $-2,-\dfrac{1}{2}$ 把数轴分为 3 个区间(图 2-11)

$$(-\infty,-2),\left(-2,-\frac{1}{2}\right),\left(-\frac{1}{2},+\infty\right),$$

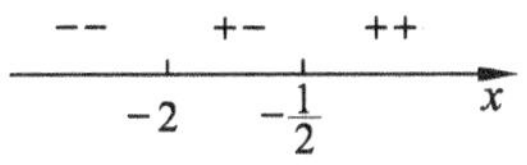

-- +- ++
-2 $-\frac{1}{2}$ x

图 2-11

由图 2-11 看出 $2x^2+5x+2<0$ 的解集为 $\left(-2,-\frac{1}{2}\right)$.

例 7 解不等式 $4-x^2<0$.

解 原不等式可化为

$$x^2-4>0.$$

解方程 $x^2-4=(x-2)(x+2)=0$，得到 $x=-2,2$. 零点 $-2,2$ 把数轴分为 3 个区间(图 2-12)

$$(-\infty,-2),(-2,2),(2,+\infty),$$

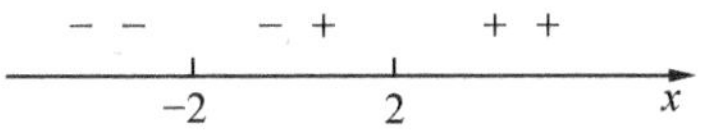

- - - + + +
-2 2 x

图 2-12

所以，原不等式的解集为 $(-\infty,-2)\cup(2,+\infty)$.

例 8 解不等式 $(x+2)(3-x)\leqslant 0$.

解 原不等式可化为

$$(x+2)(x-3)\geqslant 0.$$

解方程 $(x+2)(x-3)=0$，得到 $x=-2,3$. 零点 $-2,3$ 把数轴分为 3 个区间(图 2-13)

$$(-\infty,-2),(-2,3),(3,+\infty),$$

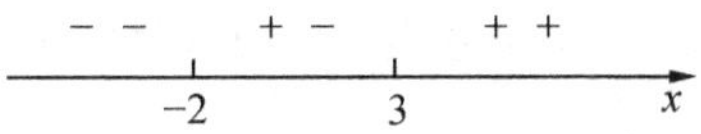

- - + - + +
-2 3 x

图 2-13

所以，原不等式的解集为 $(-\infty,-2]\cup[3,+\infty)$.

练习 2.3

1. 填空：

(1) 不等式 $2x>1$ 的解集是__________；

(2) 不等式 $3x<6$ 的解集是__________；

(3) 不等式 $-2x<10$ 的解集是__________；

(4) 不等式 $-\frac{1}{2}x>-5$ 的解集是__________.

2. 求下列一元一次不等式的解集：

(1) $x+3<7$; (2) $x-2\geqslant 5$;

(3) $2x-3\leqslant x+1$; (4) $2x-3<0$;

(5) $5-2x>9$; (6) $4x+3\leqslant 2x+7$;

(7) $15-9x<10-4x$; (8) $3(x+5)-\frac{2}{3}\geqslant 2x-\frac{3}{2}$.

3. 求下列一元一次不等式组的解集：

(1) $\begin{cases}4x-4\leqslant 3x+1,\\3x+12>0;\end{cases}$ (2) $\begin{cases}x+3<4,\\x+3>-1.\end{cases}$

4. 解下列绝对值不等式：

(1) $|2x|<6$; (2) $|x-2|\leqslant 5$;

(3) $|2x+3|\geqslant 1$; (4) $|2-x|\geqslant 3$.

5. 求下列一元二次不等式的解集：

(1) $(x+2)(x-3)>0$; (2) $(x+1)(x-2)<0$;

(3) $x^2-x\leqslant 0$; (4) $x^2-2x-3>0$;

(5) $x^2-9>0$; (6) $(x-1)(x-2)(x-3)<0$.

趣味岛

黄金分割

中世纪的数学家开普勒对黄金分割作了很高的评价.他说，几何学有两大宝藏，一个是勾股定理，另一个是黄金分割.黄金分割是公元前6世纪古希腊数学家毕达哥拉斯所发现的，后来古希腊美学家柏拉图将此称为黄金分割.

黄金分割是一数学比例关系，其定义为：在已知线段上求作一个点，使该点所分线段的其中一部分是全线段与另一部分线段的比例中项.如下图：

由$\frac{x}{1}=\frac{1-x}{x}$，即$x^2=1-x$，解$x^2+x-1=0$，得

$$x=\frac{\sqrt{5}-1}{2}\approx 0.618.$$

黄金分割以严格的比例性、艺术性、和谐性蕴藏着丰富的美学价值.应用时一般取0.618，就像圆周率在应用时一般取3.14一样.

黄金分割广泛地应用在建筑、绘画、艺术等方面.以此为比例的物体往往具有一种和谐美和自然美.古希腊的巴台神农庙、埃及的金字塔、巴黎圣母院、印度的泰姬陵、埃菲尔铁塔等著名建筑中都有黄金分割的应用.画家画画的中心位置，二胡、笛子、五角星等的设计都运用了黄金分割.另外，许多书本、杂志、报纸、纸张、照片、黑板和标语牌等，其长与宽之比都是0.618，显得格外美观大方.在舞台上演出的独唱演员、报幕员，也

往往是站在舞台的黄金分割之处，颇有艺术美感，让人视觉和听觉上都达到最佳效果.人体在其漫长的进化过程中，也逐渐趋向于“0.618黄金分割”，而且日臻完善.人的面部结构符合“三庭五眼”称为五管端正，现代学者定义人体身长等于“八个头长”即为最标准的身材，就因其符合黄金分割律.人的形体就是一个很美的实体，肚脐刚好就是整个人体的黄金分割点，喉头刚好是头顶到肚脐的黄金分割点，膝关节是肚脐到脚底的黄金分割点，肘关节是手指到肩部的黄金分割点.

长发讲究轮廓美感，发长应与身材协调，应用黄金分割比例设计，会使发型创作美感更易于把握.通常身材矮小者，易留短发或中长发，显得身材高挑挺拔；身材高大者，留中长发或长发，对身材比例上起到互补作用.刘海的设计在发型创作中起着画龙点睛的作用，刘海可以赋予发型生命力与时尚感，不管是分区的设计还是发长的设定，都与黄金分割律有着密不可分的关系.刘海区域占顶区1/3面积，较能有效控制脸型的宽窄.用此区域对掌握脸型变大变小起着决定作用.难怪天文学家开普勒把这种分割线段的方法称为神圣分割，并指出勾股定理和黄金分割是几何中的双宝，前者好比黄金，后者堪称珠玉.黄金分割数0.618，它不仅仅是一个小数，而是生活中和谐美的代言人.

到了近代由我国数学家华罗庚大力倡导的数学方法——最优化方法，即“0.618法”，给黄金分割找到了一种新的实际用场.用这种方法进行科学实验，可以用最少的实验次数得到最佳的数据，既节省了时间，也节约了原材料.

生活中的数学

1. 根据下图，对 a,b,c 三种物体的重量判断正确的是 （　　）

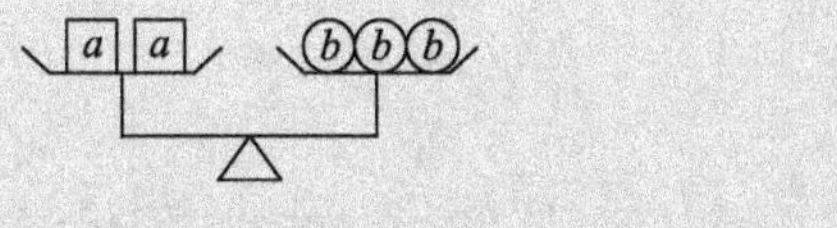

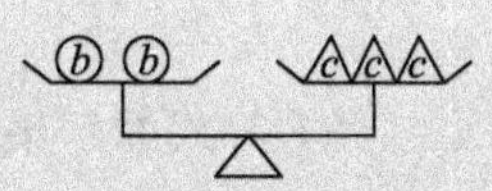

A. $a<c$　　B. $a<b$　　C. $a>c$　　D. $b<c$

2. 燃放某种礼花弹时，为了确保安全，人在点燃导火线后要在燃放前转移到10 m以外的安全区域.已知导火线的燃烧速度为0.02 m/s，人离开的速度为4 m/s，那么导火线的长度应大于多少厘米？

3. 用两根长度均为 l cm的绳子，分别围成一个正方形和圆.

(1) 如果要使正方形的面积不大于25 cm^2，那么绳长 l 应满足怎样的关系式？

(2) 如果要使圆的面积不小于100 cm^2，那么绳长 l 应满足怎样的关系式？

(3) 当 $l=8$ 时，正方形和圆的面积哪个大？$l=12$ 呢？

(4) 你能得到什么猜想？改变 l 的取值，再试一试.

(5) 这一结果能否推广到空间？（比如正方体和球的表面积相等时，哪个体积较大？你可以查一下资料或上网查询有关公式）

复习整理

本章研究了用区间表示不等式解集的方法，不等式的解集可以用区间和集合两种形式来表示.解绝对值不等式、一元二次不等式均可化为解一元一次不等式(组)的问题.

(1) 绝对值不等式 $|x|<a \Leftrightarrow -a<x<a$,

$|x|>a \Leftrightarrow x<-a$ 或 $x>a$.

(2) 一元二次不等式 $ax^2+bx+c>0$ 通过因式分解，化为两个一次式的乘积，画数轴求解.

复习题二

1. 比较下列各对数或式的大小：

(1) $\frac{5}{8}$ 与 $\frac{4}{7}$；

(2) 15.3 与 $15\frac{1}{3}$；

(3) $3a-1$ 与 $2a+1(a>3)$；

(4) $(x+3)(x-1)$ 与 $x(x+2)$.

2. 用区间表示下列不等式的解集，并在数轴上表示这些区间：

(1) $-3\leqslant x\leqslant 2$；

(2) $-4<x<3$；

(3) $-1\leqslant x<2$；

(4) $2<x\leqslant 3$；

(5) $x>-3$；

(6) $x\leqslant 5$.

3. 求下列不等式组的解集：

(1) $\begin{cases} x-4<3, \\ 2+x>1; \end{cases}$

(2) $\begin{cases} 2x-3\leqslant x+1, \\ 3x-5>0. \end{cases}$

4. 解下列不等式：

(1) $|3x|>6$；

(2) $|x+4|\geqslant 5$；

(3) $|2x-3|\leqslant 1$；

(4) $|2+x|\geqslant 4$.

5. 求下列一元二次不等式的解集：

(1) $3x^2-7x+2>0$；

(2) $-2x^2-x+6>0$；

(3) $(x-2)(x+2)>1$；

(4) $x(x-1)\leqslant 0$.

自测题二

一、选择题

1. 不等式 $2x<-1$ 的解集是 (　　)

A. $\left(-\infty,\frac{1}{2}\right]$　　B. $\left(-\infty,\frac{1}{2}\right)$　　C. $\left(-\infty,-\frac{1}{2}\right)$　　D. $\left(-\infty,-\frac{1}{2}\right]$

2. 不等式 $x^2-3x+9>0$ 的解集是 (　　)

A. $(3,+\infty]$　　B. **R**　　C. $(-\infty,3)$　　D. $(-\infty,3)\cup(3,+\infty)$

3. 不等式$-x^2+5x-6>0$的解集是　　(　　)

A. $(-\infty,-2)\cup(3,+\infty)$　　B. $(-2,3)$

C. $(2,3)$　　D. $(-\infty,2)\cup(3,+\infty)$

4. 与不等式$|2x+3|\leqslant 1$解集相同的不等式为　　(　　)

A. $(x+1)(x-2)\leqslant 0$　　B. $(x+1)(x+2)\leqslant 0$

C. $\begin{cases}2x+3\leqslant 1,\\2x+3\leqslant -1\end{cases}$　　D. $\begin{cases}2x+3\leqslant 1,\\2x+3\geqslant 1\end{cases}$

二、填空题

5. 用符号“$>,\geqslant,<,\leqslant,=$”填空：

(1) $3-4$ ________ $1-4$；　　(2) $3x$ ________ $2x(x\leqslant 0)$；

(3) $7+x$ ________ $5+x$；　　(4) $5x$ ________ $7x(x>0)$.

6. 不等式$x^2-8x+16<0$的解集是____________________.

7. 不等式$|3x|\leqslant 6$的解集是____________________.

8. 不等式组$\begin{cases}8-2x\leqslant 17-5x,\\5+2x>5x-16\end{cases}$的解集是____________________.

三、解答题

9. 解下列不等式：

(1) $(4-3x)(2x-1)\leqslant 0$；　　(2) $x^2-2x+1<0$；

(3) $x^2-6x+9\geqslant 0$；　　(4) $x^2-2x+2<0$.

第三章

函　数

晚清数学总教头——李善兰

许多数学符号和数学名词,像“+”、“-”、“函数”等都是由清朝数学家李善兰引入我国的.

李善兰(1811—1882),字壬叔,号秋纫,浙江海宁人,中国清代数学家、天文学家、力学家、植物学家.9岁时,李善兰发现父亲的书架上有一本中国古代数学名著——《九章算术》,感到十分新奇有趣,从此迷上了数学.14岁时,李善兰又靠自学读懂了欧几里得《几何原本》前六卷,这是明末徐光启、利玛窦合译的古希腊数学名著.欧氏几何严密的逻辑体系,清晰的数学推理,与偏重实用解法和计算技巧的中国古代传统数学思路迥异,自有它的特色和长处.李善兰在《九章算术》的基础上,又吸取了《几何原本》的新思想,这使他的数学造诣日趋精深,被称为“晚清数学总教头”.

数学史表明,重要的数学概念的产生和发展对数学发展起着不可估量的作用,有些重要的数学概念对数学分支的产生起着奠定性的作用.我们正在学习的函数就是这样的重要概念.自从德国数学家康托尔的集合论被大家接受后,函数便被明确地定义为集合间的对应关系,这是目前一般教科书所用的“集合对应”定义.中文数学书上使用的“函数”一词是转译词,是李善兰在翻译《代数学》一书时,把“function”译成了“函数”.中国古代“函”字与“含”字通用,都有着“包含”的意思.李善兰给出的定义是:凡式中含天,为天之函数.中国古代用天、地、人、物四个字来表示四个不同的未知数或变量.这个定义的含义是:凡是公式中含有变量 x,则该式子叫做 x 的函数.所以“函数”是指公式里含有变量的意思.

§ 3.1 函数的概念

3.1.1 函数的概念

在初中我们学习过函数的概念:设在一个变化过程中有两个变量 x 和 y,如果对于 x 的每一个值,y 都有唯一的值与它对应,那么就说 x 是自变量,y 是 x 的函数.并将自变量 x 取值的集合叫做函数的定义域,和自变量 x 的值对应的 y 的值叫做函数值,函数值的集合叫做函数的值域.这种用变量叙述的函数定义我们称之为函数的传统定义.

初中已经学过正比例函数、反比例函数、一次函数、二次函数等.我们先来看一个一次函数的例子.

设儿子的年龄为 x,父亲的年龄为 y,则 $y=x+25$,于是:

(1) 在儿子念技术学校的三年里,儿子岁数的集合为 $D=\{16,17,18\}$,父亲岁数的集合为 $M=\{41,42,43\}$.

(2) 集合 D,M 中元素的关系是什么? ——加 25.

(3) 作文氏图表示如下:

对应法则 f:加 25

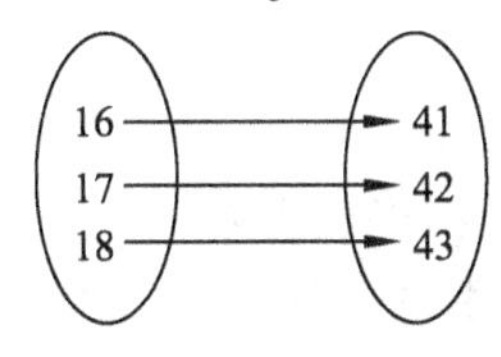

一般地,设 D,M 是非空的数集,如果按某个确定的对应关系 f,使对于集合 D 中的任意一个 x,在集合 M 中都有唯一确定的数 y 和它对应,那么 y 就称为定义在数集 D 上的**函数**,记作

$$y=f(x),x\in D.$$

其中 x 叫**自变量**,x 的取值范围 D 叫做函数 $y=f(x)$ 的**定义域**,与 x 的值相对应的 y 的值叫做**函数值**,函数值的集合 M 叫做函数 $y=f(x)$ 的**值域**.

函数符号 $y=f(x)$ 表示"y 是 x 的函数",有时简记作函数 $f(x)$.

例如,上面例子中 $f(x)=x+25$,

$$f(16)=16+25=41,$$
$$f(17)=17+25=42,$$
$$f(18)=18+25=43.$$

当 $x=a$ 时的函数值记作 $f(a)$. 例如,$y=3x+1$ 可以写成 $f(x)=3x+1$,当 $x=2$ 时,$y=7$可以写成 $f(2)=7$.

$f(x)$和 $f(a)$的区别是:

(1) 一般地,$f(a)$表示当 $x=a$ 时的函数值,是一个常量;

(2) $f(x)$表示自变量 x 的函数,一般情况下是变量.

例 1 设 $f(x)=x^2+2x-3$,求 $f(-2)$,$f(a)$,$f\left(\frac{1}{a}\right)$.

解 $f(-2)=(-2)^2+2\times(-2)-3=-3$,

$f(a)=a^2+2a-3$,

$$f\left(\frac{1}{a}\right)=\left(\frac{1}{a}\right)^2+2\left(\frac{1}{a}\right)-3=\frac{1}{a^2}+\frac{2}{a}-3.$$

3.1.2 函数的表示法

如何来表示函数呢? 有多种方法.

1. 解析法

把两个变量的函数关系用一个等式表示,这个等式叫做函数的解析表达式,简称解析式.

例如,$s=60t^2$,$A=\pi r^2$,$S=2\pi rl$,$y=ax^2+bx+c(a\neq 0)$,$y=\sqrt{x-2}(x\geqslant 2)$等,都是用解析式表示函数关系的.

用解析法表示函数关系有两个优点:一是简明、全面地概括了变量间的关系;二是可以通过解析式求出任意一个自变量的值所对应的函数值. 中学阶段研究的函数主要是用解析法表示的函数.

2. 列表法

随着经济的发展,城镇居民的年均收入不断提高,下表是某地 2002 年至 2009 年全年城镇人均可支配收入情况表,表明了“年份 x”与“人均可支配收入 y (单位:元)”之间的对应关系.

年 份	2002	2003	2004	2005	2006	2007	2008	2009
人均可支配收入(元)	4839	5160	5425	5854	6230	6860	7703	8472

在以上问题中,“年份 x”与“人均可支配收入 y(单位:元)”之间的函数关系是用表格表示的,这种表示函数的方法称为列表法.

它表示一个函数 $y=f(x)$,定义域 $D=\{2002,2003,2004,2005,2006,2007,2008,2009\}$,值域 $M=\{4839,5160,5425,5854,6230,6860,7703,8472\}$.

3. 图象法

两个变量之间的函数关系也可以用坐标系中的曲线(直线是它的特例)来表示. 这种用坐标系中的曲线(包括直线)来表示两个变量之间函数关系的方法,叫做函数的图象表示法.

图 3-1 表示某地区 10 天的最高气温随日期的变化情况.

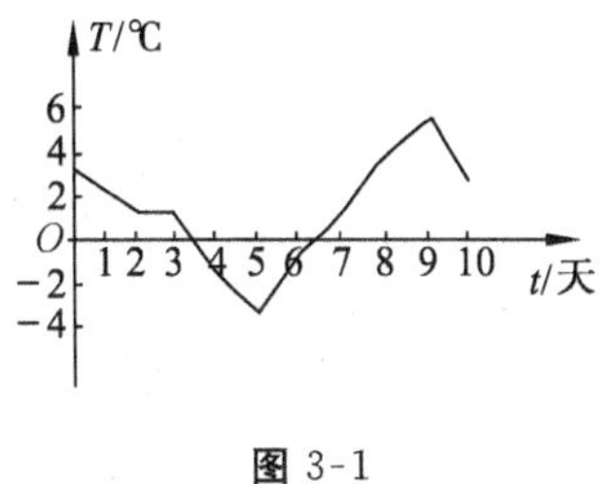

图 3-1

用图象法表示函数，最大的优点是形象、直观.

例 2 某商店有 8 台彩电，已知每台售价为 2000 元，试分别用解析法、列表法和图象法表示售出彩电台数与收款总数(单位：元)的函数关系，并指出这个函数的定义域和值域.

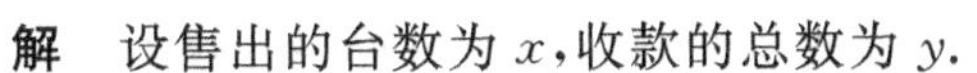

解 设售出的台数为 x，收款的总数为 y.

解析法表示：$y=2000x$.

列表法表示：

售出台数	0	1	2	3	4	5	6	7	8
收款总数	0	2000	4000	6000	8000	10000	12000	14000	16000

图象法表示：

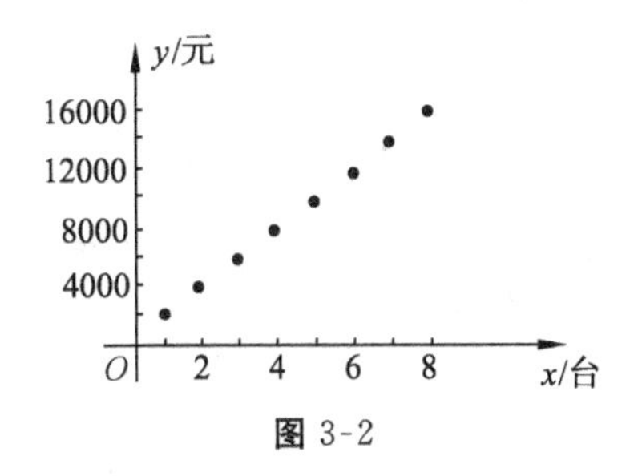

图 3-2

由实际意义知道，这个函数的定义域 $D=\{0,1,2,\cdots,8\}$，值域 $M=\{0,2000,4000,\cdots,16000\}$.

从此例看到，函数的图象是一些孤立的点. 一般地，函数的图象可以是一条直线或曲线，也可以是一些孤立的点、线段、折线或曲线的一部分.

3.1.3 函数的定义域

在 3.1.2 中，我们已经知道当函数用列表法、图象法表示时，其定义域一目了然. 当函数用解析法表示时，如何求它的定义域，并不那么简单. 下面我们来探讨这个问题.

函数的定义域是指自变量 x 的取值范围，每一个函数的定义域，都由这个函数的具体的对应法则与实际条件来确定.

在实际问题中，函数的定义域要根据问题的实际意义确定，这就是说，必须考虑自变量 x 所代表的具体量的允许值范围.

例 3 一台拖拉机的油箱中储油 42 L，使用时每小时消耗 6 L，试列出油箱中剩油量(单位：L)和使用时间 t(单位：h)之间的函数关系式，并指出它的定义域.

解 因为每小时耗油 6 L，t h 耗油量为 $6t$ L，所以剩油量 $f(t)$ 与 t 的函数关系式是

$$f(t)=42-6t,$$

定义域应是$\{t|0\leqslant t\leqslant 7\}$.

在用数学式子表示的函数中,函数的定义域是指使这个式子有意义的 x 的取值范围.如何求出它的定义域呢?在目前,可以从下面几条原则去考虑:

(1) 整式函数定义域为 $\mathbf{R}$;

(2) 分式函数的分母不能为 0;

(3) 偶次根式下被开方的式子不能小于 0;

(4) 如果函数是由几个部分的式子构成,那么函数的定义域是使各部分式子都有意义的实数集合的交集.

例 4 求下列函数的定义域:

(1) $f(x)=2x^2-4x+5$;

(2) $f(x)=\dfrac{1}{x-2}$;

(3) $f(x)=\sqrt{3x+2}$;

(4) $f(x)=\sqrt{x+1}+\dfrac{1}{x-2}$.

解 (1) 因为对于任意 $x\in\mathbf{R}$,$f(x)=2x^2-4x+5$ 都有意义,所以函数 $f(x)=2x^2-4x+5$ 的定义域是 $\mathbf{R}$.

(2) 由 $x-2\neq 0$,得 $x\neq 2$,所以函数 $f(x)=\dfrac{1}{x-2}$的定义域是$\{x|x\neq 2\}$.

(3) 由 $3x+2\geqslant 0$,解得 $x\geqslant -\dfrac{2}{3}$,所以函数 $f(x)=\sqrt{3x+2}$的定义域是$\left\{x\middle|x\geqslant -\dfrac{2}{3}\right\}$,即$\left[-\dfrac{2}{3},+\infty\right)$.

(4) 使根式$\sqrt{x+1}$有意义的实数 x 的集合是$\{x|x\geqslant -1\}$,使分式$\dfrac{1}{x-2}$有意义的实数 x 的集合是$\{x|x\neq 2\}$,所以这个函数的定义域是既满足 $x\geqslant -1$,又满足 $x\neq 2$ 的全体实数.所以所给函数的定义域是

$$\{x|x\geqslant -1 \text{ 且 } x\neq 2\},\text{即}[-1,2)\cup(2,+\infty).$$

3.1.4 分段函数

先考虑一个实际问题:

国内投寄平信,每封信不超过 20 g 付邮资 80 分,超过 20 g 而不超过 40 g 付邮资 160 分,超过 40 g 不超过 60 g 付邮资 240 分.限定每封平邮不超过 60 g,则一封重 x g 的平信应付的邮资 y 表示为

$$y=\begin{cases}80, & x\in(0,20],\\ 160, & x\in(20,40],\\ 240, & x\in(40,60].\end{cases}\qquad(1)$$

(1)式表示了变量 $x\in(0,60]$与 $y\in\{80,160,240\}$之间的一个对应法则,根据函数定

义，这是以 x 为自变量、y 为因变量的函数. 与我们以前所熟悉的函数比较，出现了新情况：在自变量的不同取值范围，得到对应值的对应法则不同. 这种函数就是本节要学习的分段函数.

若在函数的定义域中，对于自变量的不同取值范围，以含有 x 的不同的式子或常数来表示对应法则，则这种函数叫做**分段函数**.

(1)式表示的函数就是一个定义域为$(0,60]$、值域为$\{80,160,240\}$的分段函数，它的图象如图 3-3 所示.

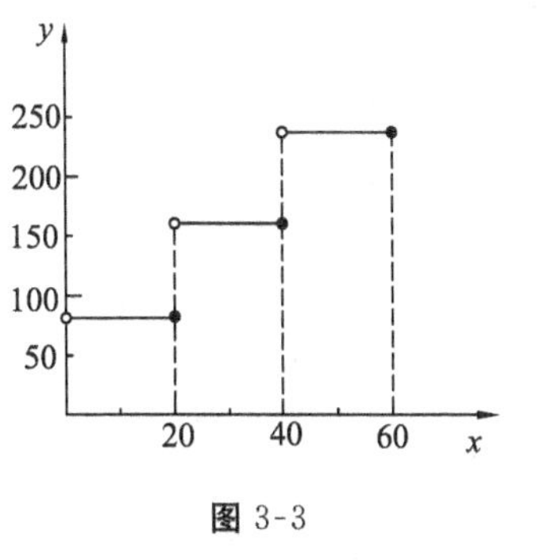

图 3-3

例 5 在常压下使 1 g 纯水升温 1 ℃需热量 1 ka(卡路里). 现在，在常压下加热 1 kg 初始温度为 10 ℃的纯水，试写出水温 T(单位：℃)与供热 h(单位：大卡，1 大卡＝1000 ka)之间的函数关系，并作出它的图象.

解 因为水在常压下的沸点是 100 ℃，此后再加热，只会使水变成气体(水蒸气)，而不会再使水的温度升高，所以

$$T=\begin{cases}10+h, & 0\leqslant h\leqslant 90,\\ 100, & h>90.\end{cases} \tag{2}$$

这个函数的定义域为$[0,+\infty)$，值域为$[10,100]$，图象如图 3-4 所示.

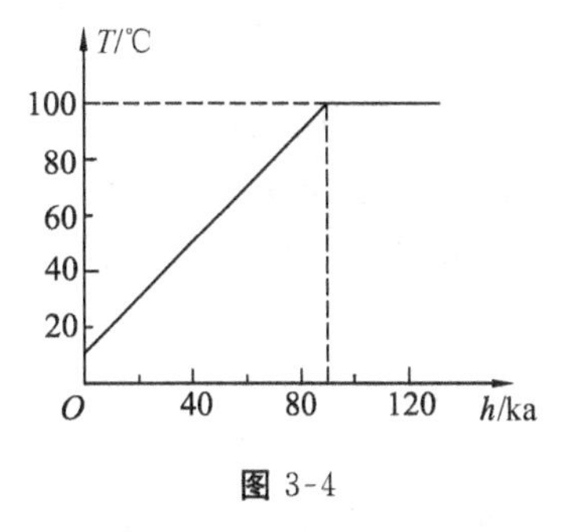

图 3-4

例 6 国家规定个人发表文章、出版图书的稿酬应该缴纳个人收入调节税的计算方法是：(1) 稿酬不高于 800 元的，不纳税；(2) 稿酬高于 800 元但不超过 4000 元的，应缴纳超过 800 元的那一部分的 14%的税款；(3) 稿酬高于 4000 元的，应该缴纳全部稿酬的 11%的税款. 沈老师最近获得了一笔稿酬，并依照上面的规定缴纳了 420 元的个人收入调节税. 问沈老师获得的这笔稿酬共多少元？请写出应缴税款与稿酬收入之间的关系式.

解 当稿酬为 4000 元时，应纳税额为$(4000-800)\times 14\%=448$(元)，而沈老师交了 420 元，因此，沈老师的稿酬应该在 800 元至 4000 元之间. 所以，沈老师获得的这笔稿酬为 $420\div 14\%+800=3800$(元).

设应纳税款为 y(元)，稿酬收入为 x(元)，则有

$$y=\begin{cases}0, & x\in(0,800],\\ 0.14(x-800), & x\in(800,4000],\\ 0.11x, & x\in(4000,+\infty).\end{cases}$$

因为在自变量的不同取值范围表示对应法则的式子不同，所以它也是一个分段函数.

对分段函数特别要注意几个问题：(1) 尽管分段函数的形式上会有多于一个的表达式，但它仍然表示一个函数，不能理解成几个函数的合并；(2) 分段函数的图象一般由多于一段的线段或曲线段以及点组成，同样也应该把它们看作一个整体，而不是几个图象；(3) 在求分段函数的函数值时，需要注意的是，对给定的自变量，首先要确定它所在的范围，再根据该范围的对应法则(即函数表达式)，计算函数值.

练习 3.1

1. 设函数 $f(x)=\sqrt{x^2+2x-5}$，指出这个函数对应法则 f 的具体意义.

2. 设 $f(x)=2x-3, x\in\{0,1,2,3,5\}$，求 $f(0)$，$f(2)$，$f(5)$的值.

3. 设 $f(x)=2x^2+3x-1$，求 $f(2)$，$f(-1)$，$f\left(\frac{1}{2}\right)$的值.

4. 某商店有游戏机 12 台，每台售价 200 元，分别用解析法、列表法和图象法表示售出台数 x 与收款总数 y 之间的函数关系.

5. 求下列函数的定义域：

(1) $f(x)=\frac{1}{2x+3}$；　　(2) $f(x)=\sqrt{2x-5}$；

(3) $f(x)=\sqrt{x+4}+\frac{2}{x-1}$；　　(4) $f(x)=\sqrt{3x-4}-\frac{2}{5x-1}+6$.

6. 某市出租车的起步价为 7.00 元(3 km 以内). 如果超过 3 km，超过部分收费为 1.2 元/km. 如果超过 5 km，那么超过部分收费为 1.8 元/km. 试写出租车费 d(元)与路程数 x(km)之间的函数关系式，并画出函数的图象.

7. 设 $f(x)=\begin{cases} x+1, & x<0, \\ 1, & 0\leqslant x<2, \\ x-1, & x\geqslant 2. \end{cases}$

求 $f(-2)$，$f(0)$，$f(1.5)$，$f(3)$.

8. 我国是一个缺水的国家，很多城市的生活用水远远低于世界的平均水平. 为了加强公民的节水意识，某城市制定每户月用水收费(含用水费和污水处理费)标准如下：

用 水 量	不超过 10 m³ 的部分	超过 10 m³ 的部分
用水费(元/m³)	1.30	2.00
污水处理费(元/m³)	0.30	0.80

试建立每月每户用水量 x(m³)与应缴水费 y(元)之间的函数解析式.

§3.2　函数的性质

探求两个变量之间是否存在函数关系固然重要，但并不是我们的唯一目的. 当变量之间存在函数关系时，我们还要进一步探求因变量的一些变化特性，这种特性具体表现为函数性质. 本节我们将学习函数的几个基本性质，如增减性、奇偶性等. 限于目前的知识，即使对基本性质的认知，大部分仍然基于直观.

3.2.1 函数的单调性

1. 函数增减性的描述

通过前面的讨论,我们知道一次函数和正比例函数在其定义区间内函数值的变化具有共同的特点:当 $k>0$ 时,函数值 y 都是随 x 值的增大而增大;当 $k<0$ 时,函数值 y 都是随 x 值的增大而减小.

一般地,对于给定的区间 $[a,b]$ 上的函数 $y=f(x)$:

(1) 如果在给定的区间 $[a,b]$ 上自变量增加时,函数值也随着增大,那么就说,$y=f(x)$ 在这个区间上是**增函数**(图 3-5),即在区间 D 上 $y=f(x)$ 是增函数 $\Leftrightarrow$ 若 $x_1,x_2\in D$,$x_1<x_2$,则 $f(x_1)<f(x_2)$;

(2) 如果在给定的区间 $[a,b]$ 上自变量增加时,函数值反而减小,那么就说,$y=f(x)$ 在这个区间上是**减函数**(图 3-6),即在区间 D 上 $y=f(x)$ 是减函数 $\Leftrightarrow$ 若 $x_1,x_2\in D$,$x_1<x_2$,则 $f(x_1)>f(x_2)$.

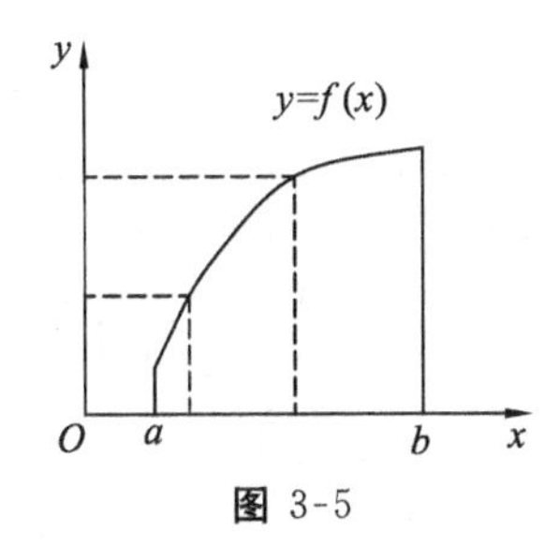

图 3-5

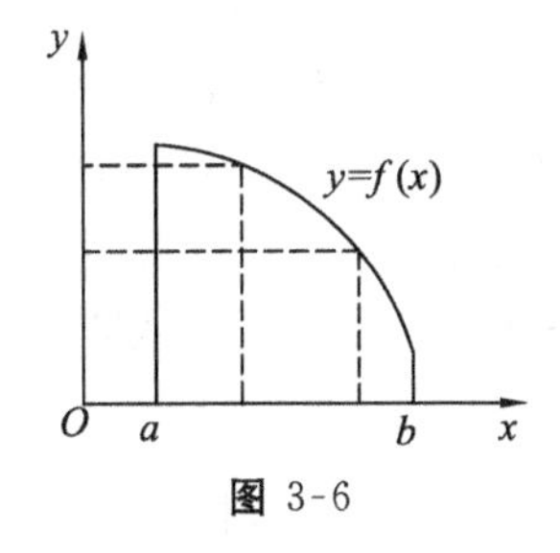

图 3-6

从图 3-5,图 3-6 可以看出,增函数的图象自左向右逐渐上升,减函数的图象自左向右逐渐下降.

2. 函数的单调区间

我们来看图 3-7 表示的函数. 在整个区间 $[0,2\pi]$ 上函数并不是单调的,但在 $\left[0,\frac{\pi}{2}\right]$,$\left[\frac{\pi}{2},\frac{3\pi}{2}\right]$,$\left[\frac{3\pi}{2},2\pi\right]$ 上,函数却依次是单调增加、单调减小、单调增加的,即这三个区间是图中所给函数的单调区间.

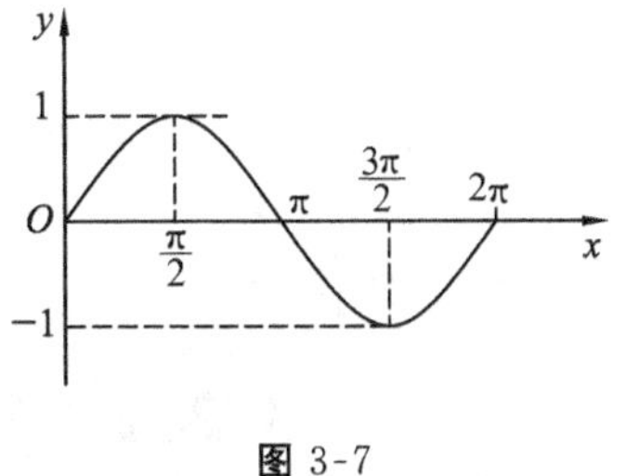

图 3-7

若给定的函数在其定义域 D 上不是单调的,为了明确它的增减性质,只要有可能,就要把 D 划分为若干个单调区间. 那么如何划分呢? 在目前阶段,除了诸如二次函数等极少数情况外,只能直观地依赖函数的图象.

例 1 根据图 3-8,指出函数的单调区间及在各区间的单调性:

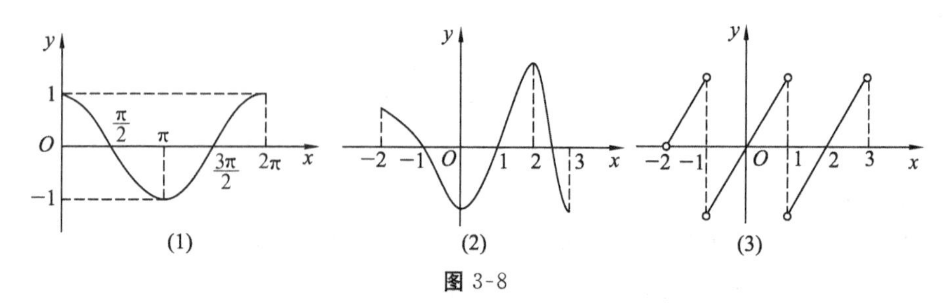

图 3-8

解 (1) $[0,\pi]$是函数的单调减小区间,$[\pi,2\pi]$是函数的单调增加区间;

(2) $[-2,0]$是函数的单调减小区间,$[0,2]$是函数的单调增加区间,$[2,3]$是函数的单调减小区间;

(3) 区间$(-2,-1)$,$(-1,1)$,$(1,3)$都是单调增加区间(注意,函数在定义域$(-2,3)$上并不单调).

例 2 指出下列函数在定义域中的单调区间:

(1) $y=\frac{1}{x}$; (2) $y=2x^2$.

解 (1) 函数定义域为$(-\infty,0)\cup(0,+\infty)$.

作出函数草图如图 3-9(1)所示.从图象可见,$(-\infty,0)$及$(0,+\infty)$均为函数的单调减小区间(但函数在其定义域$(-\infty,0)\cup(0,+\infty)$上并不是单调函数).

(2) 函数定义域为$(-\infty,+\infty)$.

作出函数草图如 3-9(2)所示.从图象可见,$(-\infty,0]$为函数的单调减小区间,$[0,+\infty)$为函数的单调增加区间.

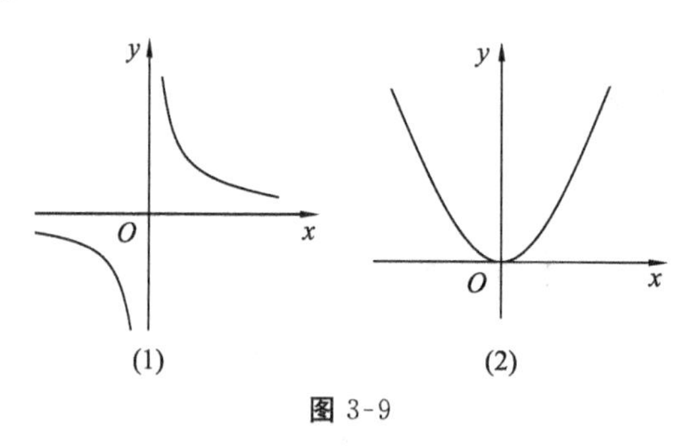

图 3-9

3.2.2 图象的对称性和函数的奇偶性

在自然界中,具有一定形式的对称现象随处可见.例如,把一条柔软的绳子的两端悬挂在等高的、距离小于绳长的两点,绳子在重力作用下下垂的线型关于过最低点的铅垂线是对称的(见图 3-10(1));几乎任何动物的外形廓线在其横截面上的投影都关于纵剖面在其上的投影线对称(见图 3-10(2)).这是因为具有一定对称性的物体,有着良好的平衡性.正因为如此,很多建筑、物品也往往会具有某种对称性.

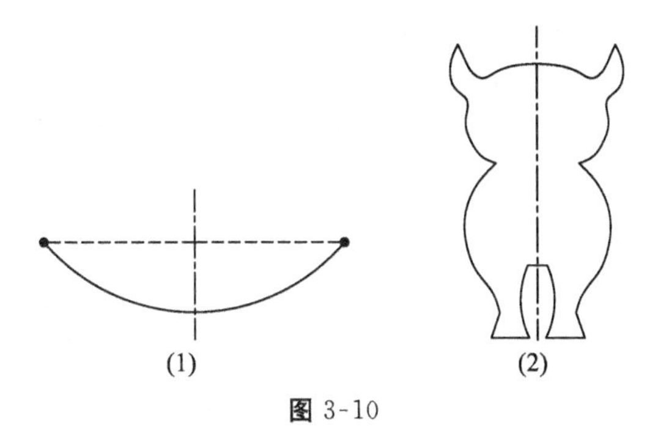

图 3-10

既然对称现象是如此普遍，应用又如此广泛，那么以数量反映实际的数学是怎么来体现对称现象的呢？

（1）两种对称性

在平面上，对称通常表现为两种不同形式.

第一种称为轴对称. 这种图形的特点是存在一条直线，将图形按这条直线对折，两侧的图形能够重合. 如图 3-10 的两个图形都是轴对称的. 这条直线叫做对称轴，图形叫做关于对称轴对称.

第二种称为中心对称. 例如图 3-11 所示的图形就是中心对称的. 这种图形的特点是存在一个点 O，如果点 A 在图形上，那么在 OA 的反向延长线上距 O 点的距离等于 OA 的点 A'，也必定在图形上. 点 O 叫做对称中心，图形叫做关于点 O 中心对称. 注意，图 3-11(2)不但是中心对称，而且还是轴对称的.

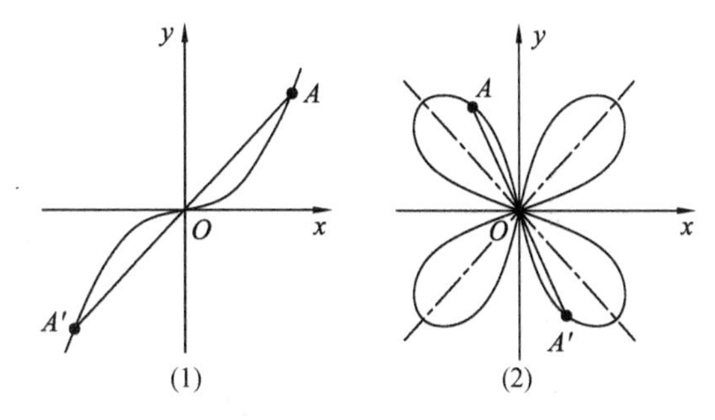

图 3-11

轴对称的物体关于对称轴有良好的平衡性，中心对称物体关于对称中心有良好的旋转性能.

（2）两种对称性的数学反映——偶函数和奇函数

设对函数 $y=f(x)$ 的定义域 D 内任意一个 x，都有 $-x\in D$，且满足 $f(-x)=f(x)$，那么函数 $y=f(x)$ 是**偶函数**.

偶函数的图象关于 y 轴（直线 $x=0$）对称，如图 3-12 所示；反之，图象关于 y 轴对称的函数一定是偶函数.

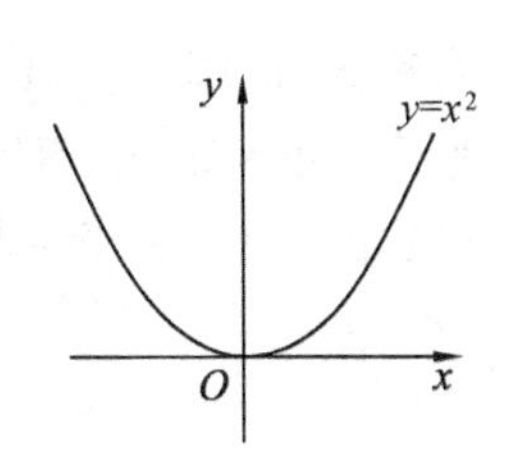

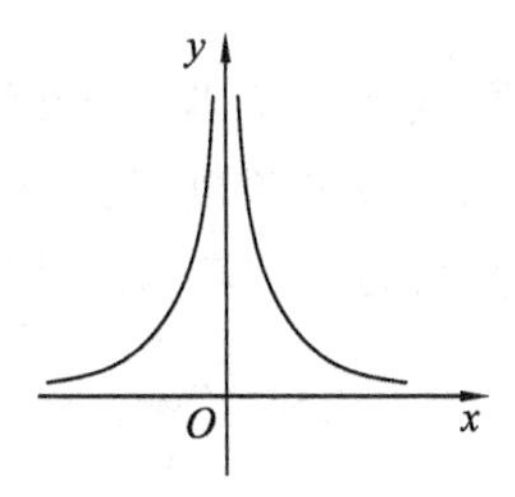

图 3-12

同样地，设对函数 $y=f(x)$ 的定义域 D 内任意一个 x，都有 $-x\in D$，且满足 $f(-x)=-f(x)$，那么函数 $y=f(x)$ 是**奇函数**.

奇函数的图象关于原点中心对称，如图 3-13 所示；反之，图象关于原点中心对称的函数一定是奇函数.

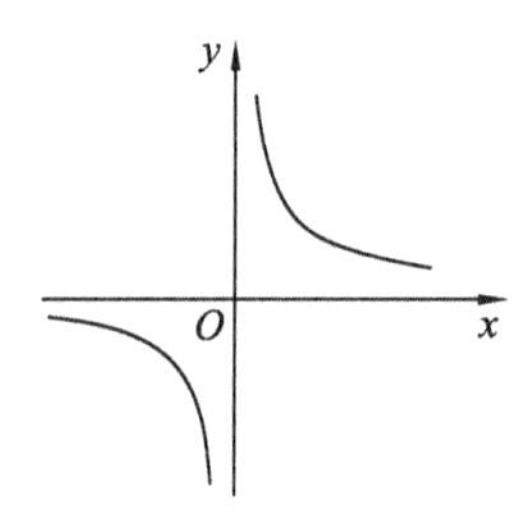

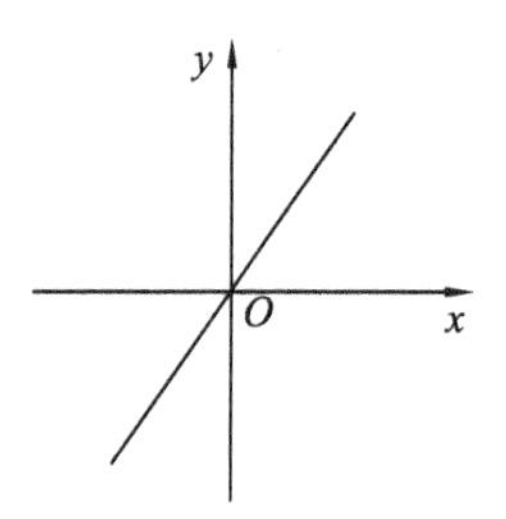

图 3-13

例 3 试根据下列函数的图象，判断函数的奇偶性：

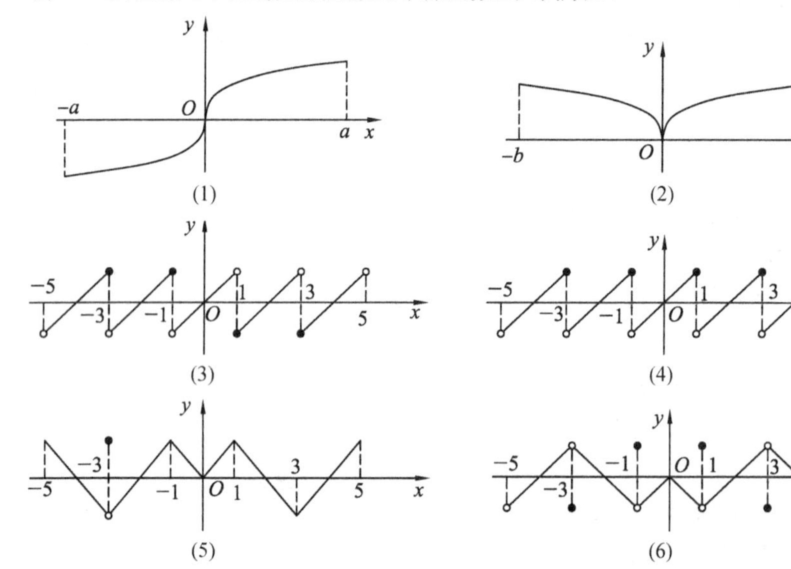

解 (1) 函数定义域关于原点对称，图象关于原点对称，所以是奇函数.

(2) 函数定义域关于原点对称，图象关于 y 轴对称，所以是偶函数.

(3) 函数的定义域为 $(-5,5)$，定义域是关于原点对称的，图象也关于原点对称，所以是奇函数.

(4) 函数的定义域为 $(-5,5]$，定义域不关于原点对称，因此不是奇函数，也不是偶函数.

(5) 函数的定义域为 $[-5,5]$，定义域是关于原点对称的，但图象明显不关于原点对称. 因为 $f(3)\neq f(-3)$，所以图象也不关于 y 轴对称，因此不是奇函数，也不是偶函数.

(6) 函数的定义域为 $(-5,5)$，定义域是关于原点对称的，图象关于 y 轴对称，因此是偶函数.

练习 3.2

1. 根据下列函数的图象，指出函数的单调区间及在各区间的单调性：

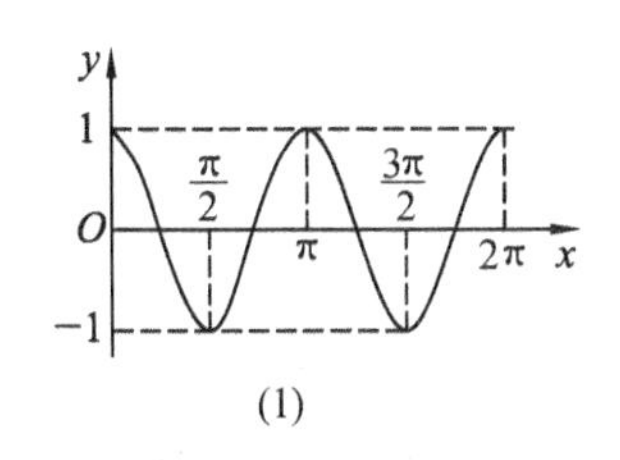

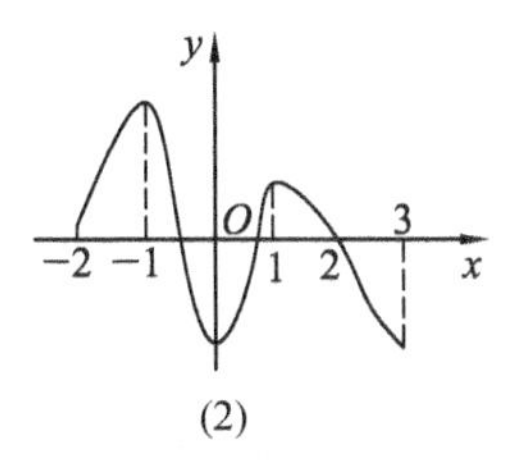

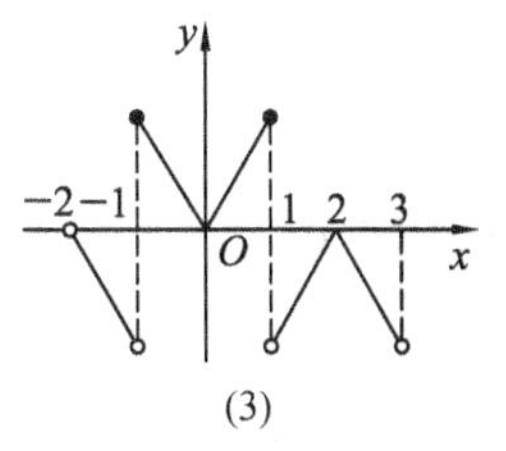

第 1 题图

2. 指出下列函数在定义域内的单调区间：

(1) $y=-\frac{1}{x}$；　　　　(2) $y=\frac{1}{x^2}$.

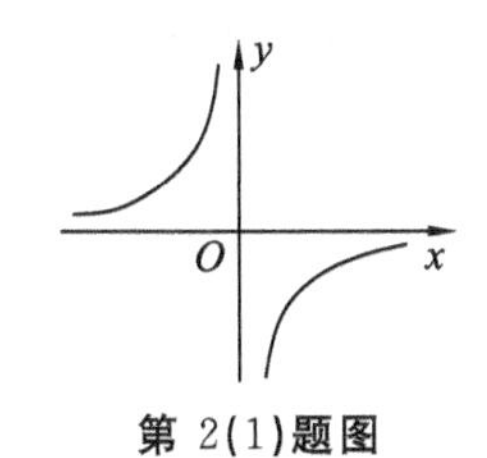

第 2(1)题图

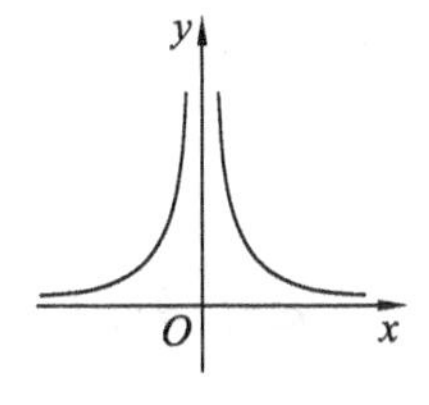

第 2(2)题图

3. 观察下列图形或曲线，请说出哪些是轴对称的，对称轴在哪里，哪些是中心对称的，对称中心在哪里，哪些既是轴对称又是中心对称的：

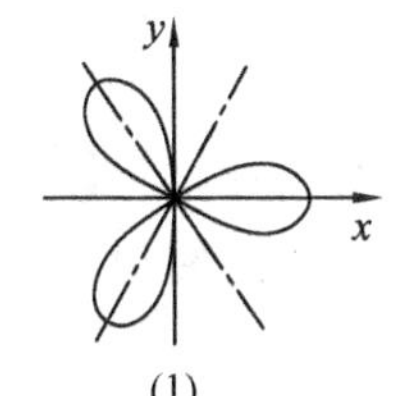

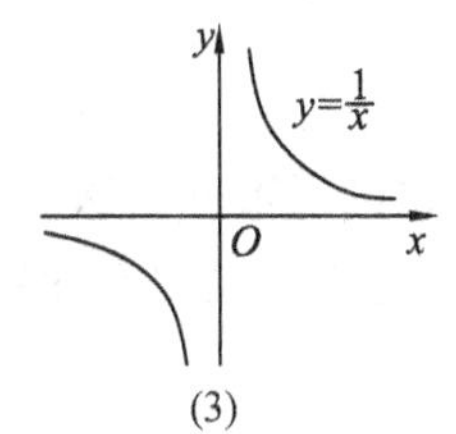

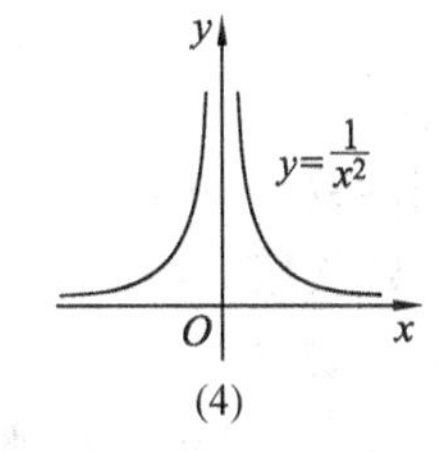

第 3 题图

4. 根据下列函数的图象，判断函数的奇偶性：

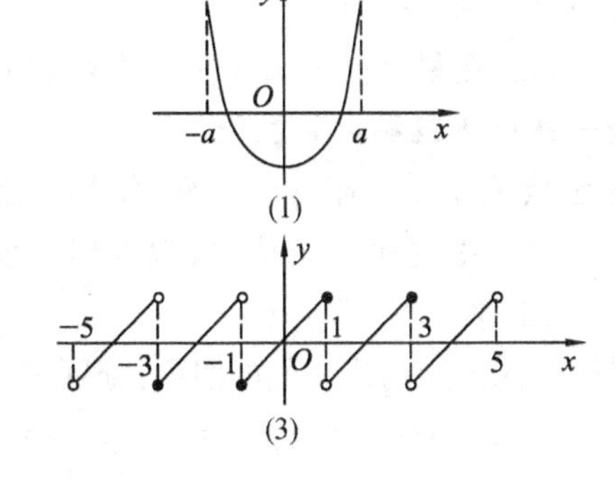

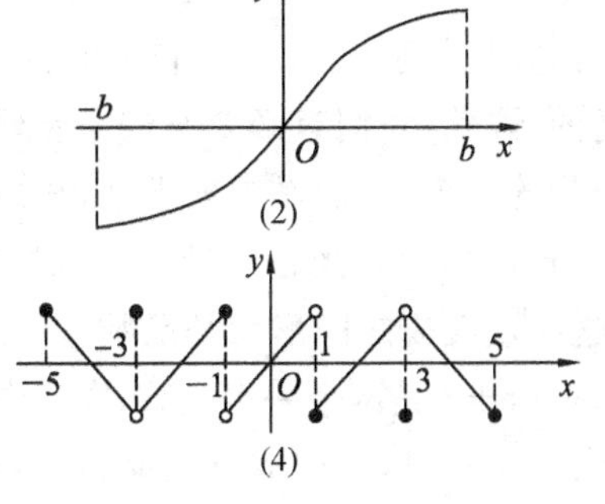

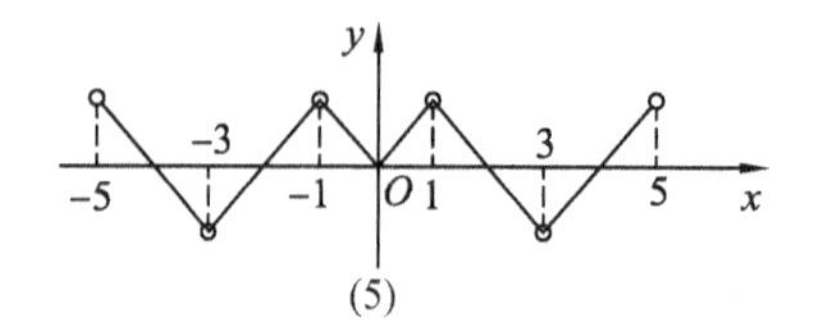

(5)

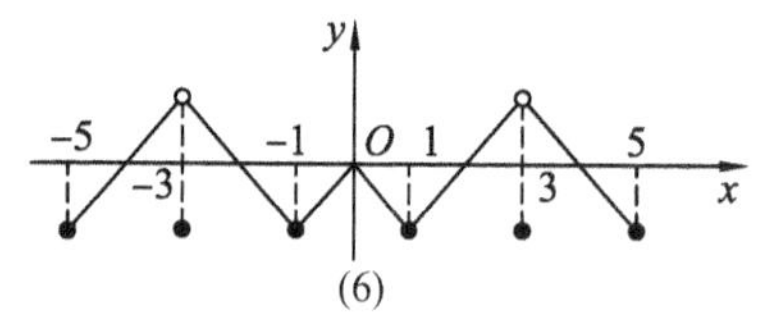

(6)

第 4 题图

趣味岛

有三个人去住旅馆，住三间房，每一间房 10 元，于是他们一共付给老板 30 元. 第二天，老板觉得三间房只需要 25 元就够了，于是叫店员退回 5 元给三位客人，谁知店员贪心，只退回每人 1 元，自己偷偷拿了 2 元，这样一来便等于那三位客人每人各花了 9 元，于是三个人一共花了 27 元，再加上店员独吞的 2 元，总共是 29 元. 可是当初他们三个人一共付出 30 元，那么还有 1 元在哪里呢？

§3.3　函数的图象

3.3.1　一次函数

正比例函数、一次函数、反比例函数和二次函数是在初中学习过的函数，但没有明确地指出它们的定义域，也没有系统地探讨过它们的图象和性质. 有了上两节的知识，下面对它们进一步深入研究.

已知速度为 v(km/h)，那么路程 s(km)与时间 t(h)的函数关系可表示为

$$s=vt. \tag{1}$$

物理中根据虎克定律，螺旋弹簧的长度 l 与所受拉力 f 的函数关系可表示为

$$F=k\Delta l(k\text{ 为弹簧的弹性伸长系数}). \tag{2}$$

这两个函数是分别以 t、Δl 为自变量的一次函数. 变量之间的关系呈一次函数的实际问题是很普遍的. 因此，我们有必要来进一步研究一次函数的图象和性质.

将自变量的一个值 x_0 作为横坐标，相应的函数值 $f(x_0)$ 作为纵坐标，就得到坐标平面上的一个点$(x_0,f(x_0))$. 当自变量取遍函数定义域 A 中的每一个值时，就得到一系列这样的点. 所有这些点组成的图形就是函数 $y=f(x)$的图象.

$y=2x$，$y=x+3$ 是两个一次函数，在初中时已经知道如何作它们的图象：分别过点(0,0)，(1,2)和过点(0,3)，(1,4)连成直线就行了(见图 3-14)；对一次函数 $y=-2x$，$y=-x+3$，

也能作出它们的图象，分别是过点(0,0)，(1,−2)的直线和过点(0,3)，(1,2)的直线(见图3-15).

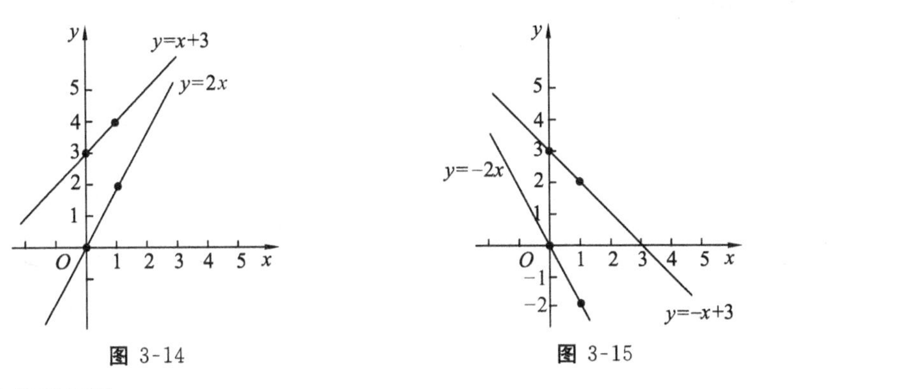

图 3-14　　　图 3-15

对一般的线性函数

$$y=kx+b(k\neq0),$$

作它的图象，也能得到一条过点$(0,b)$，$(1,k+b)$的直线，且当$k>0$时直线与x轴正向交成锐角，当$k<0$时交成钝角. 由图立即可以得到一次函数的如下一些特性：

(1) 一次函数$y=kx+b$的定义域为$(-\infty,+\infty)$，值域为$(-\infty,+\infty)$，它的图象是经过点$(0,b)$，$(1,k+b)$的一条直线.

(2) 当$k>0$时，y随x的增大而增大，一次函数$y=kx+b$是$(-\infty,+\infty)$上的单调增加函数；当$k<0$时，y随x的增大而减小，一次函数$y=kx+b$是$(-\infty,+\infty)$上的单调减小函数.

(3) 当$b=0$时，$y=kx+b$成为正比例函数$y=f(x)=kx(k\neq0)$，它满足$f(-x)=-f(x)$，且定义域关于原点对称，因此是奇函数.

3.3.2　反比例函数

在3.3.1中(1)式表示了匀速运动，现若路程s固定，求不同时间t(s)内走完路程s所需要的速度v，则表示v,t之间的函数关系应该是

$$v=\frac{s}{t}. \tag{3}$$

同理在(2)式表示的弹簧形变问题中，若固定了力F，弹簧不同的弹性系数将使弹簧有不同的形变量Δl，要求弹簧形变量Δl与弹性系数k之间的对应关系，则应该是

$$\Delta l=\frac{F}{k}. \tag{4}$$

我们已经知道(3)、(4)两个式子是分别以t、k为自变量的反比例函数. 变量之间呈反比例关系，因此，有必要研究反比例函数的图象和性质. 如同总结出线性函数的特性一样，我们还是从反比例函数的图象入手，先作出反比例函数$y=\frac{1}{x}$，$y=\frac{3}{x}$的图象，通过列表、描点

可得它们的图象如图 3-16 所示. 继续作反比例函数 $y=-\frac{1}{x}$, $y=-\frac{3}{x}$ 的图象, 又能得到如图 3-17 所示的图象.

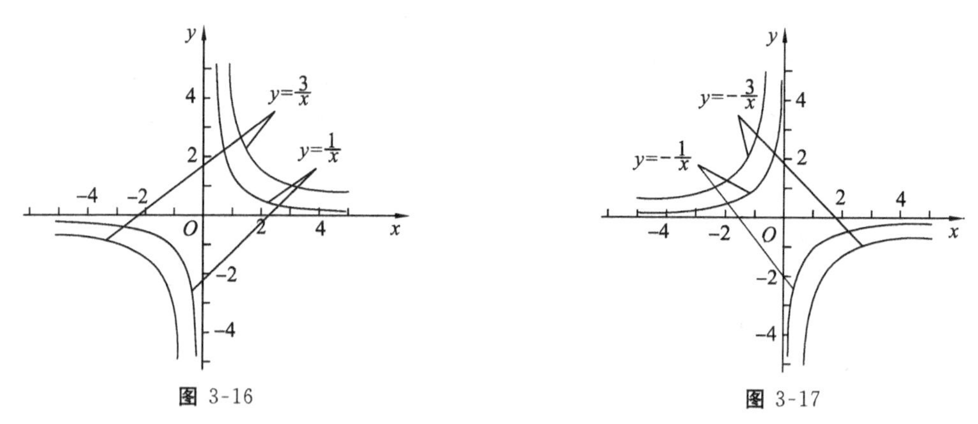

图 3-16　　　　图 3-17

对一般的反比例函数

$$y=f(x)=\frac{k}{x}(k\neq 0), \tag{5}$$

作它的图象, 也能得到类似于图 3-16, 图 3-17 那样的曲线, 且当 $k>0$ 时曲线在第一、三象限, 当 $k<0$ 时曲线在第二、四象限. 据分母不能为零和图上的曲线形状, 立即可得反比例函数(5)的如下特性:

(1) 定义域为 $(-\infty,0)\cup(0,+\infty)$, 值域为 $(-\infty,0)\cup(0,+\infty)$.

(2) 因为图象及定义域都关于原点中心对称, 反比例函数是奇函数(从 $f(-x)=-f(x)$ 也可直接验证).

(3) 当 $k>0$ 时, 在 $(-\infty,0)$, $(0,+\infty)$ 内分别为单调减小函数; 当 $k<0$ 时, 在 $(-\infty,0)$, $(0,+\infty)$ 内分别为单调增加函数.

3.3.3　二次函数

二次函数是在初中学得比较多的一种函数, 知道形如

$$y=ax^2+bx+c$$

的函数叫做二次函数. 其中 a,b,c 是常数, 且 $a\neq 0$.

我们来回顾一下二次函数的定义域、图象及其性质.

例 1　已知函数(1) $y=x^2$, (2) $y=x^2-2x+4$, (3) $y=-x^2$, (4) $y=-x^2+2x+2$, 试作出它们的图象, 写出它们的定义域, 并研究它们的增减性和奇偶性.

解　把函数(2), (4)变形成

$$y=(x-1)^2+3, y=-(x-1)^2+3,$$

应用描点法、平移, 得到它们的图象如图 3-18, 图 3-19 所示, 它们统称抛物线.

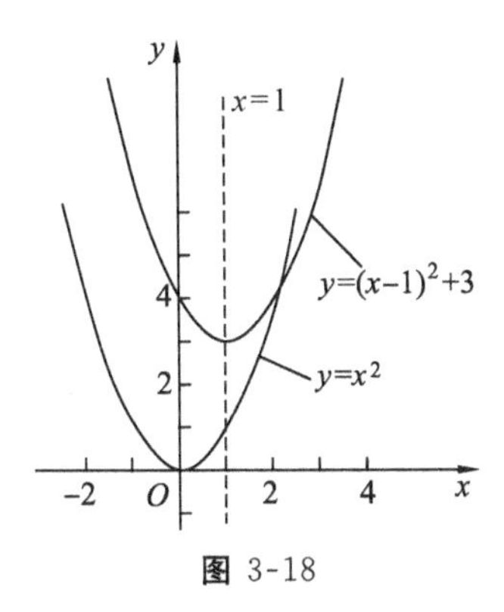

图 3-18

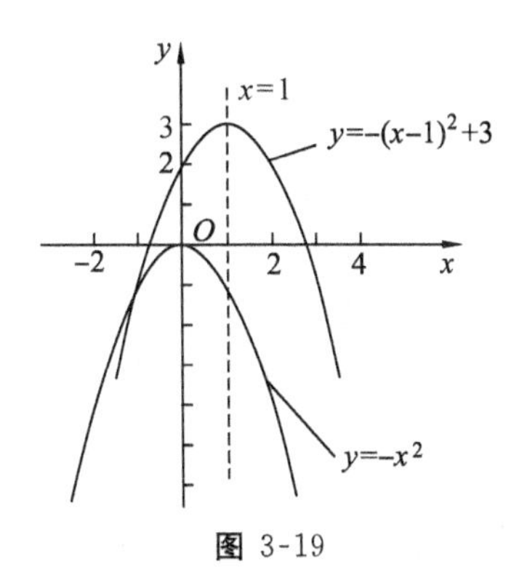

图 3-19

四个函数的定义域都是$(-\infty,+\infty)$.

函数(1)在$(-\infty,0]$上单调减少,在$[0,+\infty)$上单调增加,在$x=0$达到最小值0;

函数(2)在$(-\infty,1]$上单调减少,在$[1,+\infty)$上单调增加,在$x=1$达到最小值3;

函数(3)在$(-\infty,0]$上单调增加,在$[0,+\infty)$上单调减少,在$x=0$达到最大值0;

函数(4)在$(-\infty,1]$上单调增加,在$[1,+\infty)$上单调减少,在$x=1$达到最大值3.

函数(1),(3)是$(-\infty,+\infty)$上的偶函数,函数(2),(4)既不是奇函数,也不是偶函数.

二次函数的一般形式是

$$y=ax^2+bx+c(a,b,c\text{ 为常数},a\neq 0), \tag{6}$$

经过配方,总能化成

$$y=a\left(x+\frac{b}{2a}\right)^2+\frac{4ac-b^2}{4a},$$

它的图象也是类似于图3-18,图3-19那样的抛物线,其顶点在$\left(-\frac{b}{2a},\frac{4ac-b^2}{4a}\right)$,函数$y=a\left(x+\frac{b}{2a}\right)^2+\frac{4ac-b^2}{4a}$叫做二次函数的顶点式,当$a>0$时抛物线开口向上,当$a<0$时抛物线开口向下,并由此可总结出二次函数的如下一些特性:

(1) 定义域是$(-\infty,+\infty)$.

(2) 当$a>0$时,在$\left(-\infty,-\frac{b}{2a}\right]$上是单调减少的,在$\left[-\frac{b}{2a},+\infty\right)$上是单调增加的,在$x=-\frac{b}{2a}$处达到最小值$\frac{4ac-b^2}{4a}$;当$a<0$时,在$\left(-\infty,-\frac{b}{2a}\right]$上是单调增加的,在$\left[-\frac{b}{2a},+\infty\right)$上是单调减少的,在$x=-\frac{b}{2a}$处达到最大值$\frac{4ac-b^2}{4a}$.

(3) 当方程(6)中的$b=0$(此时方程(6)为$y=f(x)=ax^2+c$)时,函数定义域关于原点对称,图象关于y轴对称,因此二次函数是$(-\infty,+\infty)$上的偶函数;当$b\neq 0$时,二次函数没有奇偶性.

练习 3.3

1. 画出下列一次函数的图象，说出它们的性质：

(1) $y=\frac{1}{2}x$，$y=\frac{1}{2}x+1$；(2) $y=-3x$，$y=-3x-2$.

2. 画出下列反比例函数的图象，说出它们的性质：

(1) $y=\frac{1}{x}$；(2) $y=\frac{0.5}{x}$；(3) $y=-\frac{2}{x}$；(4) $y=-\frac{1.5}{x}$.

3. 画出下列二次函数的图象，说出它们的性质：

(1) $y=-5x^2$；(2) $y=-(x+2)^2-1$；(3) $y=x^2+2x-3$；(4) $y=x^2-6x+1$.

§3.4 函数的实际应用举例

变量之间的变化关系几乎存在于人们活动的一切领域中. 每户每个月都要关心用电数与应交电费，厂里的老板们想知道产值与利润之间的关系，如此等等，本质上是在探求人们所关心的变量之间是否存在函数关系，以便从一个量的变化来得到另一个量的变化规律. 人们这种探求，实际上包含了三个层次的问题：首先要判定变量之间是否存在函数关系，若存在函数关系，其次问题是如何建立和表示函数关系，最后根据函数的性质研究指导实际问题. 正是这三个层次的问题，给数学的研究和发展以动力，促使人们认识到具备一定的数学知识是自身必须的基本素质. 下面的一些例子旨在给你一个尝试的机会，提高你应用数学的意识和素质.

例 1 一种商品共 20 件，采用网上集体议价的方式销售，规则是这样的：其价格将随着定购量的增加而不断下降，直至底价. 每件价格 x(元)与定购量 n(件)的关系是：$x=100+\frac{50}{n}$. 例如，在规定时间内只定购一件($n=1$)，单价就是 150 元；而 20 件商品都被定购完的话，单价就只有 102.5 元.

(1) 请写出该商品的销售总金额 y(元)与销量件数 n 之间的关系；

(2) 求购买 12 件时的销售总金额.

分析 商品的销售总金额 y(元)是随着销量件数 n 的变化而变化的. 在商品销售中，有几个基本的量，它们之间的关系是：销售总金额＝单价×销售量.

解 (1) 本题中，单价 $x=100+\frac{50}{n}$元，销售量是 n 件，所以

$$y=\left(100+\frac{50}{n}\right)\times n=100n+50.$$

所以，销售总金额 y 元与销量件数 n 之间的函数关系是：

$$y=100n+50(0<n\leqslant 20, n\in\mathbf{N}).$$

(2) 当 $x=12$ 时，$y=100\times 12+50=1250$(元).

所以，购买 12 件时的销售总金额为 1250 元.

例 2 某商店规定：某种商品一次性购买 10 kg 以下按零售价格 50 元/kg 销售；若一次性购买量满 10 kg，可打九折；若一次性购买量满 20 kg，可按 40 元/kg 的更优惠价格供货.

(1) 试写出支付金额 y(元)与购买量 x(kg)之间的函数关系式；

(2) 分别求出购买 15 kg 和 25 kg 应支付的金额.

分析 在销售商品问题中，销售总金额=单价×销售量. 本题中，不同的购买量单价不同，所以这是一个分段函数.

解 (1) $y=\begin{cases}50x, & 0<x<10,\\ 50\times 90\%\times x, & 10\leqslant x<20,\\ 40x, & x\geqslant 20.\end{cases}$

(2) 当 $x=15$ 时，$y=50\times 90\%\times x=50\times 90\%\times 15=675$；当 $x=25$ 时，$y=40x=1000$.

所以，购买 15 kg 和 25 kg 应支付的金额分别为 675 元和 1000 元.

例 3 下表是某单位 5 名职工的工资表，现该单位要进行医疗制度改革，规定按职工应发工资的 3%作为医疗保险金(简称“医保金”).

(1) 请在下表中填写“应发工资”，“医保金”，“实发工资”三栏内的数据(基础工资+职务工资=应发工资，应发工资-公积金-医保金=实发工资).

(2) 这张表中可以建立几个函数？它们的定义域、值域各是什么？

编号	姓名	基础工资	职务工资	应发工资	公积金	医保金	实发工资
1	A	499	310		88		
2	B	504	315		92		
3	C	615	350		102		
4	D	650	380		108		
5	E	680	420		120		

解 (1) 填写表格如下：

编号	姓名	基础工资	职务工资	应发工资	公积金	医保金	实发工资
1	A	499	310	809	88	24.27	698.73
2	B	504	315	819	92	24.57	701.43
3	C	615	350	965	102	28.95	834.05
4	D	650	380	1030	108	30.9	891.1
5	E	680	420	1100	120	33	947

(2) 在基础工资、职务工资、应发工资、公积金、医保金和实发工资 6 项数据中，每一列数据都可以作为自变量，而另一列数据作为函数值. 所以可以建立的函数个数是：$6\times5=30$. 在每个函数中，自变量一列的数就是定义域，函数值一列的数就是值域. 例如：

自变量(公积金)	88	92	102	108	120
函数值(职务工资)	310	315	350	380	420

上表建立的函数中，定义域是{88,92,102,108,120}，值域是{310,315,350,380,420}.

例 4 图 3-20 是某种品牌的自动电加热饮水机在不放水的情况下，内胆水温实测图(室温 20 ℃). 根据图象回答：

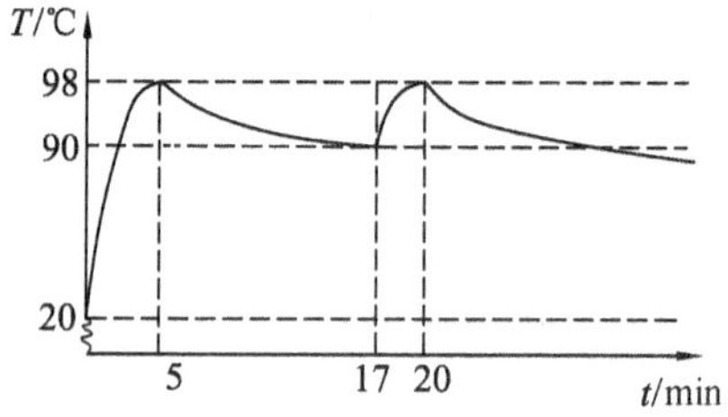

图 3-20

(1) 水温从 20 ℃升到多少度时，该机停止加热？这段时间多长？

(2) 该机在水温降至多少温度时会自动加热？从最高温度降至该温度的时间多长？

(3) 再次加热至最高温度用了多长时间？

(4) 何时切断了电源？

解 由图象可以知道：

(1) 水温从 20 ℃升到 98 ℃，该机停止加热，这段时间为 5 min；

(2) 该机在水温降至 90 ℃时会自动加热，从最高温度降至该温度的时间为 12 min；

(3) 再次加热至最高温度，用了 3 min；

(4) 切断电源时间是 20 min 后.

练习 3.4

1. 求正方形的面积 $S(\text{cm}^2)$ 与其边长 $a(\text{cm})$ 之间的关系.

2. 一个半径为 10 cm 的扇形，求其面积 $A(\text{cm}^2)$ 与圆心角 $\alpha(\text{rad})$ 之间的关系.

3. 一家旅社有客房 300 间，每间房租金 20 元，每天都客满，旅社欲提高档次，并提高租金，如果每增加 2 元，客房出租数会减少 10 间. 不考虑其他因素时，请写出旅社每天的客房租金总收入 y(元)与每间房租金 x(元)之间的关系.

4. A,B,C,D 四支足球队举行双循环赛(即每两队之间要比赛两场，现在我国甲 A 足球联赛就采用这种赛制，A,B 两队之间要在 A 的主场和客场分别进行一场比赛)，下表 1 列出了比赛结果(比分为“主队得分”比“客队得分”). 若规定胜一场积 3 分，平一场积 1 分，负一场积 0 分，请在表 2 中填写胜、负、平的局数，各队最终的积分值和净胜球数. 根据表 2 可以建立函数吗？为什么？

表 1

客\主	A	B	C	D
A		2∶1	0∶1	2∶1
B	3∶1		1∶0	3∶1
C	2∶0	1∶0		3∶0
D	1∶2	1∶2	0∶2	

表 2

队名	胜	负	平	积分	净胜球
A					
B					
C					
D					

5. 两名长跑运动员在一场竞赛中已经进入了最后阶段. 运动员甲离终点还有 300 m，保持速度 6 m/s 跑向终点；运动员乙落后甲 40 m，速度为 5.8 m/s. 如果乙想要在到达终点时赶上甲，那么他速度要提高多少？

趣味岛

迷路的怪圈

人在沙漠中或雪地里经常会迷失方向. 在没有参照物和定向仪器的情况下，你一定认为只要一直朝前走，总是能找到出路的，可往往在你费了九牛二虎之力后，却发现自己绕了一圈，又回到了原来出发的地方，这个怪圈是怎么形成的呢？

挪威生物学家古德贝尔解开了这个谜，原来这一切都是由于人自身的两条腿在作怪，常年累月养成的习惯，是每个人一只脚迈出的步子要比另一只脚迈出的步子相差一点微不足道的距离，而正是这一段很小的差（设步差为 x）导致了迷路人走了一个半径为 y 的大圈子，现在让我们来求出 x 与 y 的函数关系.

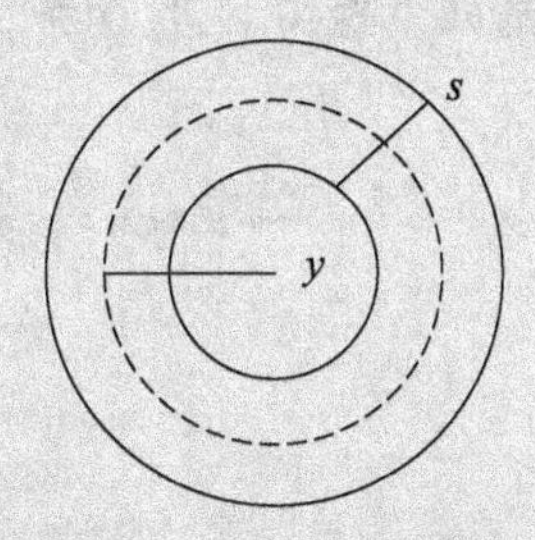

假定某人两脚踏线（前进的轨迹）间隔为 s，当他转入怪圈时，两个脚实际上走了两个半径相差为 s 的同心圈（如上图所示）. 设该人的平均步长为 a，那么，这个人的外脚比内脚多走的路程为 $2\pi\left(y+\frac{s}{2}\right)-2\pi\left(y-\frac{s}{2}\right)=2\pi s$.

这段路程又等于这个人走一圈的脚步数的一半与步差的积，即 $2\pi s=\frac{2\pi y}{2a}x$，可化成 $y=\frac{2as}{x}$. 对于每个人来说，s 与 a 都为常数，则 $y=\frac{2as}{x}$ 为反比例函数. 一般来说，两脚运动之间的轨迹为 15 cm，每步跨约 70 cm，代入上式得 $y=\frac{2\times0.15\times0.7}{x}=\frac{0.21}{x}$(m)．假如迷路人两脚的步差为 0.1 mm，这个微小的差异会使他以多大的半径绕圈呢？将 $x=0.1$ mm 代入得 $y=\frac{0.21}{1\times10^{-4}}=2.1\times10^{-3}$(m)，仅此一点微小的步差，会让一个人在直径大约 4 km 的范围内绕圈子，至于左脚的步子长还是右脚的步子长，只是决定此人是沿顺时针方向还是逆时针方向绕圈子而已．

生活中的数学

一元一次函数在我们的日常生活中应用十分广泛．当人们在社会生活中从事买卖特别是消费活动时，若其中涉及到变量的线性依存关系，则可利用一元一次函数解决问题．

例如，当我们购物、租用车辆、入住旅馆时，经营者为达到宣传、促销或其他目的，往往会为我们提供两种或多种付款方案或优惠办法．这时我们应三思而后行，充分利用自己头脑中的数学知识，作出明智的选择．俗话说："从南京到北京，买的没有卖的精．"我们切不可盲从，以免上了商家设下的小圈套，吃了眼前亏．

随着优惠形式的多样化，"可选择性优惠"逐渐被越来越多的经营者采用．一次，小寒去超市购物，一块醒目的牌子吸引了他，上面说购买茶壶、茶杯可以优惠，这似乎很少见．更奇怪的是，居然有两种优惠方法：(1) 买一送一(即买一只茶壶送一只茶杯)；(2) 打九折(即按购买总价的 90% 付款)．其下还有前提条件是：须购买茶壶 3 只以上(茶壶 45 元/个，茶杯 5 元/个)．请同学想一下：这两种优惠办法有区别吗？到底哪种更便宜呢？

复习整理

1．函数的概念．

设在一个变化过程中有两个变量 x 和 y，如果对于 x 的每一个值，根据某中对应关系 y 都有唯一的值与它对应，那么就说 x 是________，y 是 x 的________．并将自变量 x 取值的集合叫做函数的________，和自变量 x 的值对应的 y 值叫做________，函数值的集合叫做函数的________．这种用变量叙述的函数定义我们称之为函数的传统定义．

2．函数的表示法有：____________；____________；____________．

3．用解析式 $y=f(x)$ 表示的函数的定义域，常有以下几种情况：

(1) 若 $f(x)$ 是整式，则函数的定义域是实数集 **R**；

(2) 若 $f(x)$ 是分式，则函数的定义域是使分母不等于零的实数集；

(3) 若 $f(x)$是偶次根式，则函数的定义域是使根号内的式子不小于零的实数集；

(4) 若 $f(x)$是由几个部分的数学式子构成的，则函数的定义域是使各部分式子都有意义的实数集；

(5) 若 $f(x)$是由实际问题抽象出来的函数，则函数的定义域应符合实际问题.

4. 函数的单调性.

一般地，对于给定的区间上的函数 $y=f(x)$：

(1) 如果在给定的区间上自变量增加时，函数值也随着增大，那么就说 $y=f(x)$在这个区间上是________，即在区间 D 上 $y=f(x)$是增函数，也即，若 $x_1,x_2\in D,x_1<x_2$，则$f(x_1)$ ________$f(x_2)$；

(2) 如果在给定的区间上自变量增加时，函数值反而减小，那么就说 $y=f(x)$在这个区间上是________，即在区间 D 上 $y=f(x)$是减函数，也即，若 $x_1,x_2\in D,x_1<x_2$，则 $f(x_1)$ ________$f(x_2)$.

5. 函数的奇偶性.

(1) 设对函数 $y=f(x)$定义域 D 内任意一个 x，都有 $-x\in D$ 且 $f(-x)=f(x)$，那么函数 $y=f(x)$是偶函数.

(2) 设对函数 $y=f(x)$定义域 D 内任意一个 x，都有 $-x\in D$ 且 $f(-x)=-f(x)$，那么函数 $y=f(x)$是奇函数.

6. 函数________叫做一次函数. 当 $b=0$ 时，一次函数 $y=kx(k\neq 0)$叫做________，其中________叫做比例系数，正比例函数是一次函数的特例.

一次函数________的图象，常简称直线________，其中 k 叫做直线 y 的________，b 叫做直线在 y 轴上的________.

7. 二次函数的零点、一元二次方程的根、一元二次不等式与方程的根的关系.

一元二次方程 $ax^2+bx+c=0(a\neq 0)$的根也称二次函数 $y=ax^2+bx+c(a\neq 0)$的零点.（下表以 $a>0$ 为例）

$\Delta=b^2-4ac$	$\Delta>0$	$\Delta=0$	$\Delta<0$
$ax^2+bx+c=0$ 的根	$x=\dfrac{-b\pm\sqrt{b^2-4ac}}{2a}$	$x_1=x_2=-\dfrac{b}{2a}$	方程无实数根
$f(x)=ax^2+bx+c$ 的零点	$x=\dfrac{-b\pm\sqrt{b^2-4ac}}{2a}$	$x_1=x_2=-\dfrac{b}{2a}$	无零点
$y=ax^2+bx+c(a>0)$的图象	x_1 x_2 x	$x_1=x_2$ x	x
$y>0$ 的解集	$\{x\mid x<x_1$ 或 $x>x_2\}$	$\left\{x\,\middle\vert\, x\neq -\dfrac{b}{2a}\right\}$	$\{x\mid x\in\mathbf{R}\}$
$y<0$ 的解集	$\{x\mid x_1<x<x_2\}$	$\varnothing$	$\varnothing$

复习题三

1. 在下列函数中 x 是自变量，y 是因变量，哪些是一次函数？哪些是正比例函数？

(1) $y=2x$；　　(2) $y=-3x+1$；　　(3) $y=x^2$.

2. 某函数具有下列两条性质：

(1) 它的图象是经过原点(0,0)的一条直线；

(2) y 的值随 x 值的增大而增大.

请写出一个满足上述条件的函数(用解析式表示).

3. 函数 $y=\frac{2}{3}x+4$ 的图象与 x 轴的交点坐标为________，与 y 轴的交点坐标为________.

4. (1) 对于函数 $y=5x+6$，y 的值随 x 值的减小而________；

(2) 对于函数 $y=\frac{1}{2}-\frac{2}{3}x$，$y$ 的值随 x 值的________而增大.

5. 直线 $y=kx+b$ 过点(1,3)和点(−1,1)，则 $k^b=$________.

6. 若函数 $y=kx+b$ 的图象经过点(−3,−2)和(1,6)，求 k，b 及函数关系式.

7. 在直角坐标系中，一次函数 $y=kx+b$ 的图象经过三点 $A(2,0)$，$B(0,2)$，$C(m,3)$，求这个函数的解析式，并求 m 的值.

8. 已知一次函数的图象经过点 $A(2,-1)$ 和点 B，其中点 B 是另一条直线 $y=-\frac{1}{2}x+3$ 与 y 轴的交点，求这个一次函数的表达式.

9. 如果 $y+3$ 与 $x+2$ 成正比例，且 $x=3$ 时，$y=7$.

(1) 写出 y 与 x 之间的函数关系式；

(2) 求当 $x=-1$ 时，y 的值；

(3) 求当 $y=0$ 时，x 的值.

10. 为了加强公民的节水意识，合理利用水资源，某城市规定用水标准如下：每户每月用水量不超过 6 m^3 时，水费按 0.6 元/m^3 收费，每户每月用水量超过 6 m^3 时，超过的部分按 1 元/m^3 收费.设每户每月用水量为 x m^3，应付水费 y 元.

(1) 写出每户每月用水量不超过 6 m^3 和每户每月用水量超过 6 m^3 时，y 与 x 之间的函数关系式，并判断它们是否为一次函数；

(2) 已知某户 5 月份的用水量为 7 m^3，求该用户 5 月份的水费.

11. 某医药研究所开发了一种新药，在实际验药时发现，如果成人按规定剂量服用，那么每毫升血液中含药量 y(mg) 随时间 x(h)的变化情况如图所示.当成年人按规定剂量服药后，则

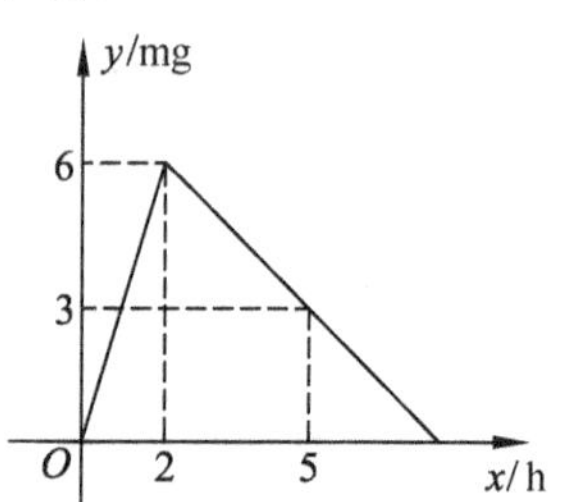

第 11 题图

(1) 服药后________h，血液中含药量最高，达到每毫升________mg，然后逐步衰弱；

(2) 服药 5 小时，血液中含药量为每毫升________mg；

(3) 当 $x\leqslant 2$ 时，y 与 x 之间的函数关系式是____________；

(4) 当 $x\geqslant 2$ 时，y 与 x 之间的函数关系式是____________；

(5) 如果每毫升血液中含药量 3 mg 或 3 mg 以上时，治疗疾病最有效，那么这个有效时间范围是____________.

自测题三

一、填空题

1. 若函数 $y=(3-m)x^{m^2-8}$ 是正比例函数，则常数 m 的值是________.

2. 已知一次函数 $y=kx-2$，补充一个条件________，使 y 随 x 的增大而减小.

3. 从 A 地向 B 地打长途电话，按时收费，3 分钟内收费 2.4 元，以后每超过 1 分钟加收 1 元，若通话 t 分钟（$t\geqslant 3$），则需付话费 y（元）与通话时间 t（分钟）之间的函数关系式是________.

4. 某市自来水公司为了鼓励市民节约用水，采取分段收费标准. 某市居民每月交水费 y（元）与用水量 x（吨）的函数关系如图所示，通过观察函数图象，回答自来水公司收费标准：若用水不超过 5 吨，水费为________元/吨；若用水超过5 吨，超过部分的水费为________元/吨.

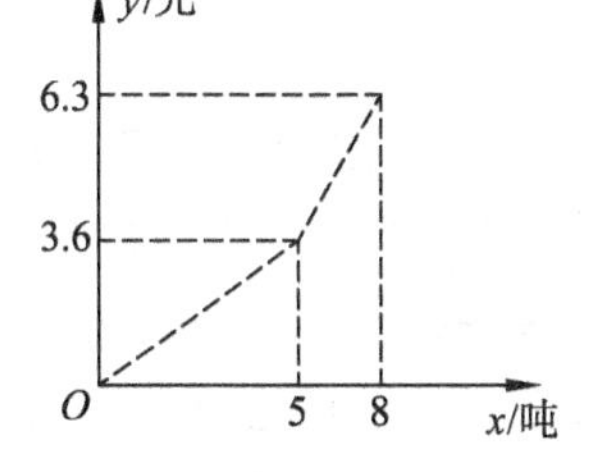

第 4 题图

5. 学校阅览室有能坐 4 人的方桌，如果多于 4 人，就把方桌拼成一行，2 张方桌拼成一行能坐 6 人，如图所示，请你结合这个规律，填写下表：

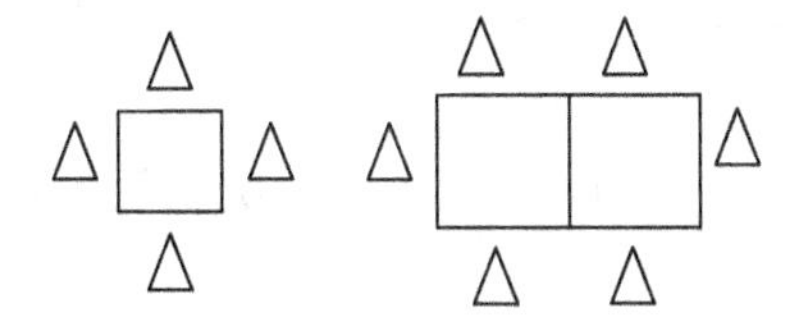
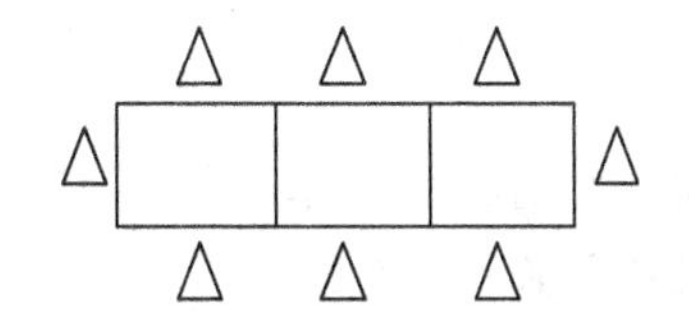

第 5 题图

拼成一行的桌子数	1	2	3	4	…	n
人　数	4	6	8		…	

二、选择题

6. 下列图象中不能表示 y 是 x 的函数的是　　（　　）

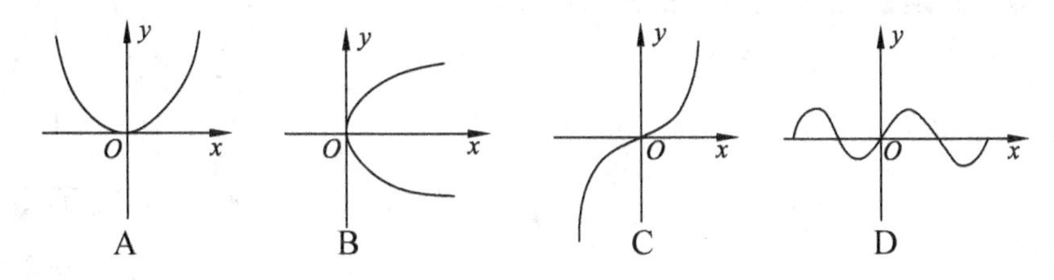

7. 如图是温度计的示意图，左边的刻度表示摄氏温度，右边的刻度表示华氏温度，华氏温度 y(℉)与摄氏温度 x(℃)之间的函数关系式为 (　　)

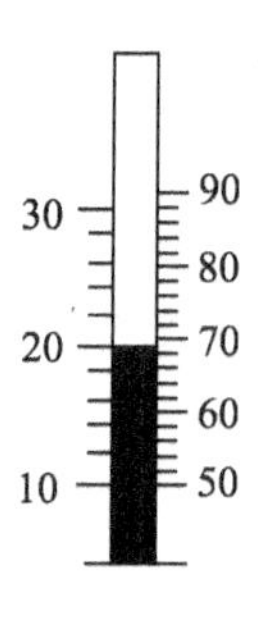

第 7 题图

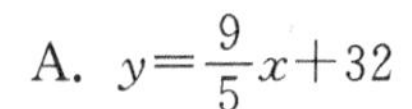

A. $y=\frac{9}{5}x+32$　　　　B. $y=x+40$

C. $y=\frac{5}{9}x+32$　　　　D. $y=\frac{5}{9}x+31$

8. “龟兔赛跑”讲述了这样的故事：领先的兔子看着缓慢爬行的乌龟，骄傲起来，睡了一觉，当它醒来时，发现乌龟快爬到终点了，于是急忙追赶，但为时已晚，乌龟先到达了终点. 用 s_1，s_2 分别表示乌龟和兔子所行的路程，t 为时间，则下列图象中与故事相吻合的是 (　　)

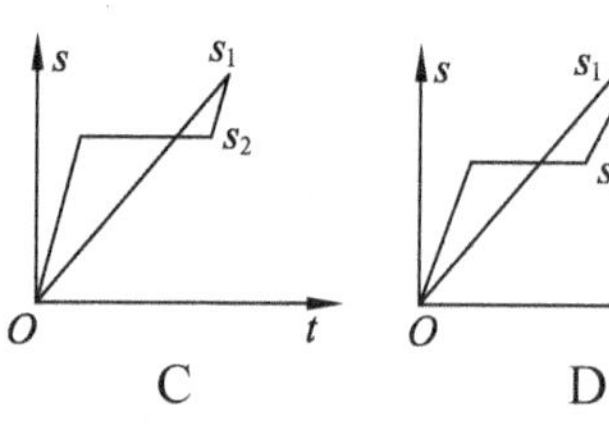

9. 如图所示，OB，AB 分别表示甲，乙两同学运动的一次函数图象，图中 s 和 t 分别表示运动路程和时间，已知甲的速度比乙快，给出下列说法：① 射线 AB 表示甲的的路程与时间的函数关系；② 甲的速度比乙快 1.5 m/s；③ 甲让乙先跑了 12 m；④ 8 s 后，甲超过了乙. 其中正确的说法是 (　　)

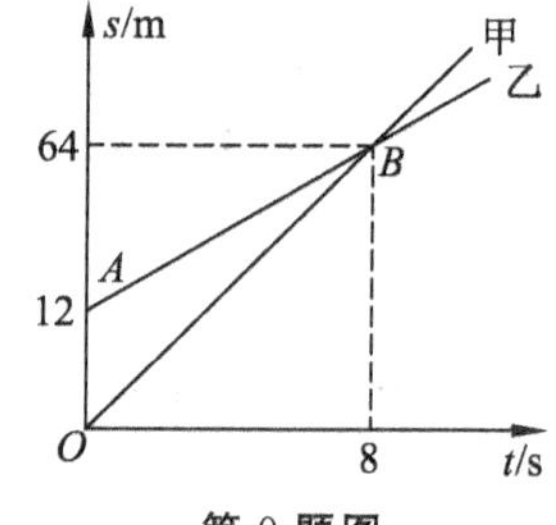

第 9 题图

A. ①②　　　　B. ②③④

C. ②③　　　　D. ①③④

三、解答题

10. 已知一次函数图象经过点(3, 5)和(−4, −9). (1) 求此一次函数的解析式；(2) 若点(a, 2)在函数图象上，求 a 的值.

11. 画出函数 $y=2x+6$ 的图象，利用图象：(1) 求方程 $2x+6=0$ 的解；(2) 求不等式 $2x+6>0$ 的解；(3) 若 $-1\leqslant y\leqslant 3$，求 x 的取值范围.

12. 小强骑自行车去郊游，如图所示为他离家的距离 y(km)与所用的时间 x(h)之间的函数图象，小强 9 点离开家，15 点回家. 根据函数图象，回答下列问题：

(1) 小强到离家最远的地方需几小时？此时离家多远？

(2) 小强何时开始第一次休息？休息多长时间？

(3) 小强何时距家 21 km？(写出计算过程)

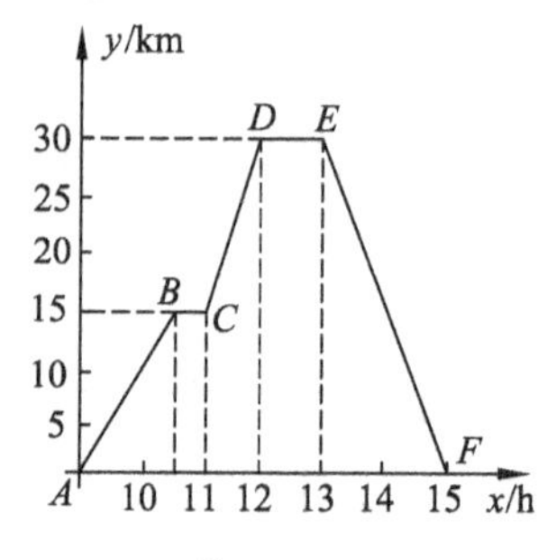

第 12 题图

第四章 指数函数与对数函数

有一位考古学家发现了一块鱼的化石，经检测该化石中的碳 14 的残留量约占原始含量的 46.5%. 考古学家便由此推断出了这群鱼是 6300 多年前死亡的，想知道考古学家是如何推算的吗？同学们学了本章后就知道了.

§4.1 指 数

4.1.1 整数指数

在初中，我们学习了整数指数，由

$a^2=a\cdot a$，

$a^3=a\cdot a\cdot a$，

$a^n=a\cdot a\cdot\cdots\cdot a$（$n$ 个 a 连乘），

……

可知，a^n 是 n 个相同因子 a 的连乘积的缩写，a^n 叫做 a 的 n 次幂，a 叫做幂的底数，n 叫做幂的指数. 显然地，$a^1=a$.

在上述定义中，n 必须是正整数，所以这样的幂叫做正整数指数幂，容易验证，正整数指数幂的运算满足如下法则：

(1) $a^ma^n=a^{m+n}$；

(2) $(a^m)^n=a^{mn}$；

(3) $\dfrac{a^m}{a^n}=a^{m-n}$ $(m>n,a\neq 0)$；

(4) $(ab)^m=a^mb^m$.

在法则(3)中，有 $m>n$ 的限制，如果取消这种限制，那么正整数指数幂可以推广到整数

指数幂. 例如，当$a\neq 0$时，

$$\frac{a^3}{a^3}=a^{3-3}=a^0,$$

$$\frac{a^3}{a^5}=a^{3-5}=a^{-2}.$$

这些结果不能用正整数指数幂的定义来解释，但我们知道，

$$\frac{a^3}{a^3}=1,$$

$$\frac{a^3}{a^5}=\frac{1}{a^2},$$

即

$$a^0=1,$$

$$a^{-2}=\frac{1}{a^2}.$$

于是我们规定

$$a^0=1\ (a\neq 0)$$

$$a^{-n}=\frac{1}{a^n}\ (a\neq 0, n\text{ 为正整数})$$

由此规定了零指数幂和负整数指数幂的意义，我们把正整数指数幂推广到整数指数幂，同时正整数指数的运算法则对整数指数运算仍然成立. 例如：

$8^0=1$； $(-0.8)^0=1$；

$(a-b)^0=1\ (a\neq b)$； $10^{-3}=\frac{1}{10^3}=0.001$；

$(2x)^{-3}=2^{-3}x^{-3}=\frac{1}{8x^3}\ (x\neq 0)$； $(ab)^{-2}=\frac{1}{(ab)^2}=\frac{1}{a^2b^2}$；

$\left(\frac{x^3}{r^2}\right)^{-2}=\frac{x^{-6}}{r^{-4}}=\frac{r^4}{x^6}$； $\frac{a^2}{b^2c}=a^2b^{-2}c^{-1}$.

注 对于零指数幂和负整数指数幂，底数不能为零.

4.1.2 分数指数

在初中我们还学习了方根的概念，如果

$$x^n=a\ (n>1, n\text{ 为整数}),$$

那么x叫做a的n次方根. 正数的偶次方根有两个，它们互为相反数，分别表示为$\sqrt[n]{a}$，$-\sqrt[n]{a}$（n为偶数），负数的偶次方根没有意义；正数的奇次方根是一个正数，负数的奇次方根是一个负数，都表示为$\sqrt[n]{a}$（n为奇数）.

正数a的正n次方根叫做a的n次算术根.

当$\sqrt[n]{a}$有意义的时候，$\sqrt[n]{a}$叫做根式，n叫做根指数.

根据 n 次方根的定义，根式具有如下性质：

(1) $(\sqrt[n]{a})^n=a$.

(2) 当 n 为奇数时，$\sqrt[n]{a^n}=a$；

当 n 为偶数时，$\sqrt[n]{a^n}=|a|=\begin{cases}a, & a\geqslant 0,\\ -a, & a<0.\end{cases}$

例如：

$(\sqrt[2]{5})^2=5$；$(\sqrt[3]{-5})^3=-5$；$(\sqrt[5]{2^3})^5=2^3=8$；

$\sqrt[3]{5^3}=5$；　$\sqrt[5]{(-2)^5}=-2$；

$\sqrt{5^2}=5$；　$\sqrt[4]{(-3)^4}=|-3|=3$.

我们还可以把整数指数幂推广到正分数指数幂. 例如：

$$(a^{\frac{1}{3}})^3=a^{\frac{1}{3}\times 3}=a;$$

$$(a^{\frac{2}{3}})^3=a^{\frac{2}{3}\times 3}=a^2.$$

这些运算都不能用整数幂的定义来解释，但如果规定

$$a^{\frac{1}{3}}=\sqrt[3]{a},$$

$$a^{\frac{2}{3}}=\sqrt[3]{a^2},$$

则上述分数指数幂就能像整数指数幂那样运算了.

我们约定底数 $a>0$，于是，当 $a>0$ 时，可定义

$$a^{\frac{1}{n}}=\sqrt[n]{a}$$

$$a^{\frac{m}{n}}=\sqrt[n]{a^m}\text{（}n,m\text{ 为正整数，且 }\frac{m}{n}\text{ 为既约分数）}$$

负分数指数幂的意义与负整数指数幂的意义相同，即对负分数指数幂，我们可以定义

$$a^{-\frac{m}{n}}=\frac{1}{a^{\frac{m}{n}}}\text{（}n,m\text{ 为正整数，且 }\frac{m}{n}\text{ 为既约分数）}$$

至此，我们把整数指数幂推广到了有理数指数幂. 有理数指数幂还可以推广到实数指数幂.

在 $a^\alpha(a>0)$ 中，α 可以为任意实数. 实数指数幂又有如下三条运算法则：

(1) $a^\alpha a^\beta=a^{\alpha+\beta}$；

(2) $(a^\alpha)^\beta=a^{\alpha\beta}$；

(3) $(ab)^\alpha=a^\alpha b^\alpha$.

其中 $a>0,b>0,\alpha,\beta$ 为任意实数.

例 1　化简下列各式（式中字母均为正数）：

(1) $3\sqrt{3}\cdot\sqrt[3]{3}\cdot\sqrt[6]{3}$；　　(2) $\sqrt[4]{\left(\frac{16a^{-4}}{81b^4}\right)^3}$.

解 (1) $3\sqrt{3}\cdot\sqrt[3]{3}\cdot\sqrt[6]{3}=3\cdot 3^{\frac{1}{2}}\cdot 3^{\frac{1}{3}}\cdot 3^{\frac{1}{6}}$

$$=3^{1+\frac{1}{2}+\frac{1}{3}+\frac{1}{6}}=3^2=9.$$

(2) $\sqrt[4]{\left(\frac{16a^{-4}}{81b^4}\right)^3}=\left(\frac{2^4a^{-4}}{3^4b^4}\right)^{\frac{3}{4}}=\frac{(2^4)^{\frac{3}{4}}\cdot(a^{-4})^{\frac{3}{4}}}{(3^4)^{\frac{3}{4}}(b^4)^{\frac{3}{4}}}$

$$=\frac{2^3a^{-3}}{3^3b^3}=\frac{8}{27a^3b^3}.$$

例 2 利用函数计算器计算(精确到 0.001):

(1) $0.2^{1.52}$; (2) 3.14^{-2}; (3) $3.1^{\frac{2}{3}}$.

解 按键方法和结果如下:

题 序	按 键	显示	结果
(1)	0.2 [y^x] 1.52 [=]	0.086609512	0.087
(2)	3.14 [y^x] 2 [+/−] [=]	0.101423993	0.101
(3)	3.1 [y^x] 2 [ab/c] 3 [=]	2.12605484	2.126

注:不同型号计算器输入方法有差异,以说明书为准.

练习 4.1

1. 求值:

(1) $8^{\frac{2}{3}}$; (2) $100^{\frac{1}{2}}$;

(3) $\left(\frac{1}{4}\right)^{-3}$; (4) $\left(\frac{16}{81}\right)^{-\frac{3}{4}}$;

(5) $4^{-\frac{1}{2}}$; (6) $\left(6\frac{1}{4}\right)^{\frac{3}{2}}$.

2. 用分数指数幂表示下列各式(式中字母均为正数):

(1) $\sqrt[3]{x^2}$; (2) $\frac{1}{\sqrt[3]{a}}$;

(3) $m^2\cdot\sqrt{m}$; (4) $\sqrt{a\sqrt{a}}$;

(5) $\sqrt[4]{(a+b)^3}$; (6) $\sqrt[3]{m^2+n^2}$;

(7) $\frac{\sqrt{x}}{\sqrt[3]{y^2}}$.

3. 化简:

(1) $a^{\frac{1}{4}}a^{\frac{1}{3}}a^{\frac{5}{8}}$；　　(2) $a^{\frac{1}{3}}\cdot a^{\frac{5}{6}}\div a^{\frac{1}{2}}$；

(3) $(x^{\frac{1}{2}}\cdot y^{\frac{1}{3}})^6$.

4. 化简下列各式：

(1) $2\sqrt{2}\cdot\sqrt[4]{2}\cdot\sqrt[8]{2}$；　　(2) $\sqrt[3]{3}\cdot\sqrt[4]{3}\cdot\sqrt[4]{27}$；

(3) $\sqrt[6]{\left(\frac{8}{125}\right)^4}$；　　(4) $\sqrt[3]{\frac{3y}{x}}\cdot\sqrt{\frac{3x^2}{y}}$(式中的字母为正数).

5. 利用计算器计算(精确到小数点后 5 位)：

(1) $100^{\sqrt{2}}$；　　(2) $100^{\sqrt{3}}$；

(3) $100^{\sqrt{5}}$；　　(4) $3^{\frac{8}{25}}$；

(5) $0.4012^{-\frac{1}{4}}$；　　(6) $1.414^{1.12}$.

§4.2 幂函数

设当年人口为 12 亿，如果人口的年净增率是 5.3‰，那么到 25 年后，人口总数

$$y=12\times(1+0.0053)^{25}=12\times1.0053^{25}.$$

现在想知道，不同的年净增率对 25 年后总人口数 y 大小的影响. 这时年净增率不再是常数 0.0053，而是一个可变化的量，不妨用 p 来表示. 从而计算 y 的公式是

$$y=12(1+p)^{25}.$$

以 x 表示量 $1+p$，上式成为

$$y=12x^{25}.$$

我们知道 x^{25} 是 x 的 25 次幂，在这里我们关心的是 x^{25}，它是一个变量，那么它究竟是什么呢？

1. 幂函数的定义

x^{25} 是一个幂，对每一个确定的 x，x^{25} 有唯一确定的值与之对应，因此 x 与 x^{25} 之间具有函数关系. 这种类型的函数关系，叫做幂函数.

幂函数的一般形式是 $y=x^\alpha$，其中 x 是自变量，α 叫做幂指数($\alpha\neq0$)，幂指数是常量. 幂指数 α 仅有一个限制：$\alpha\neq0$，即 α 可以取不等于零的任何实数值.

2. 幂函数的定义域

我们先来考察几个具体的幂函数.

例　求下列幂函数的定义域：

(1) $y=x^{\frac{1}{3}}$；　　(2) $y=x^{\frac{2}{5}}$；　　(3) $y=x^{\frac{1}{4}}$.

分析　应用有理指数幂的定义 $a^{\frac{p}{q}}=\sqrt[q]{a^p}$. 当既约分数 $\frac{p}{q}>0$ 时，a 的允许取值范围及所得幂的范围如下表：

q	p	a 的允许的取值范围	a^p 值的范围	$\sqrt[q]{a^p}$值的范围
奇数	偶数	$(-\infty,+\infty)$	$[0,+\infty)$	$[0,+\infty)$
	奇数		$(-\infty,+\infty)$	$(-\infty,+\infty)$
偶数	奇数	$[0,+\infty)$	$[0,+\infty)$	$[0,+\infty)$

解 (1) 因为指数$\frac{1}{3}>0$,且指数的分母、分子均为奇数,对照上表,即知其定义域为$(-\infty,+\infty)$,值域为$(-\infty,+\infty)$.

(2) 因为指数$\frac{2}{5}>0$,且指数的分母为奇数,分子为偶数,对照上表,即知其定义域为$(-\infty,+\infty)$,值域为$[0,+\infty)$.

(3) 因为指数$\frac{1}{4}>0$,且指数的分母为偶数,分子为奇数,对照上表,即知其定义域为$[0,+\infty)$,值域为$[0,+\infty)$.

注 当既约分数$\frac{p}{q}<0$时,只要把上表中 a 的允许取值范围及 a^p 和 $\sqrt[q]{p^p}$的范围去掉 0,其余不变.

练习 4.2

确定下列幂函数的定义域和值域:

(1) $y=x^3$; (2) $y=x^{-4}$; (3) $y=x^{\frac{3}{4}}$;

(4) $y=x^{\frac{2}{3}}$; (5) $y=x^{-\frac{5}{2}}$; (6) $y=x^{\frac{4}{5}}$.

§4.3 指数函数

我们先来看两个问题.

问题 1

据国务院发展研究中心 2000 年发表的《未来 20 年我国前景发展分析》判断,未来 20 年,我国 GDP(国民生产总值)年平均增长率可望达到 7.3%,那么在 2001~2020 年,各年的 GDP 可望为 2000 年的多少倍?

如果把 2000 年的我国 GDP 看成单位 1,那么

1 年后(即 2001 年),我国 GDP 为 2000 年的(1+7.3%)倍;

2 年后(即 2002 年),我国 GDP 为 2000 年的$(1+7.3\%)^2$倍;

3 年后（即 2003 年），我国 GDP 为 2000 年的$(1+7.3\%)^3$倍；

4 年后（即 2004 年），我国 GDP 为 2000 年的________倍；

….

设 x 年后，我国 GDP 为 2000 年的 y 倍，则

$$y=(1+7.3\%)^x=1.073^x(x\in\mathbf{N}^*,x\leqslant 20),$$

即从 2000 年起，x 年后我国的 GDP 为 2000 年的 1.073^x 倍.

问题 2

当生物死亡后，它机体内原有的碳 14 会按确定的规律衰减，大约经过 5730 年衰减为原来的一半，这个时间称为“半衰期”，据此人们获得了生物体内碳 14 含量 y 与年数 x 的关系 $y=\left(\frac{1}{2}\right)^{\frac{x}{5730}}(x\geqslant 0)$. 由此考古学家可以知道当生物死亡 x 年后，体内碳 14 含量值为 y.

当生物死亡了 5730，2×5730，3×5730，…年后，它机体内原有的碳 14 含量分别为

$$\frac{1}{2},\left(\frac{1}{2}\right)^2,\left(\frac{1}{2}\right)^3,\cdots.$$

当生物死亡了 6000，10000，100000，…年后，它机体内原有的碳 14 含量分别为

________，________，________，….

4.3.1 指数函数的概念

以上两个问题中的函数都可以表示成形如 $y=a^x$ 的函数形式.

一般地，形如 $y=a^x(a>0,a\neq1)$的函数叫做**指数函数**. 其中 x 是自变量，函数的定义域为 $\mathbf{R}$，a 叫做**底数**，x 叫做**指数**.

例如，$y=2^x$，$y=\left(\frac{1}{3}\right)^x$，$y=5^x$ 等都是指数函数.

4.3.2 指数函数的图象和性质

下面我们将进一步研究指数函数的图象和性质，首先来画函数 $y=2^x$ 和 $y=\left(\frac{1}{2}\right)^x$ 的图象（描点法）.

列表：

x	…	-3	-2	-1	0	1	2	3	…
$y=2^x$	…	$\frac{1}{8}$	$\frac{1}{4}$	$\frac{1}{2}$	1	2	4	8	…
$y=\left(\frac{1}{2}\right)^x$	…	8	4	2	1	$\frac{1}{2}$	$\frac{1}{4}$	$\frac{1}{8}$	…

图 4-1 即为指数函数 $y=\left(\frac{1}{2}\right)^x$ 的图象.

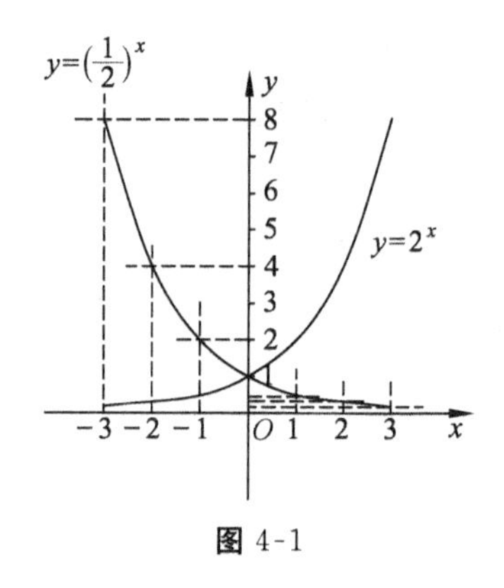

图 4-1

一般地,指数函数 $y=a^x(a>0$,且 $a\neq1)$ 具有下列性质:

(1) 定义域为 **R**,值域是正实数集.

(2) 函数的图象都过点(0,1).

(3) 当 $a>1$ 时,函数是增函数;

当 $0<a<1$ 时,函数是减函数.

练习 4.3

1. 判断下列函数是否为指数函数:

(1) $y=0.3^x$;　　(2) $y=x^2$;

(3) $y=(-2)^x$;　　(4) $y=(\sqrt{5})^x$.

2. 某细胞分裂时,1 个分裂成 2 个,2 个分裂成 4 个,4 个分裂成 8 个……写出 1 个这样的细胞分裂 x 次后,得到的细胞个数 y 与 x 的函数解析式.

3. 有一根 1m 长的绳子,第一次剪去绳长一半,第二次再剪去剩余绳子的一半……剪了 x 次后绳子剩余的长度为 ym,试写出 y 与 x 之间的函数关系式.

4. 在同一坐标系内,画出函数 $y=3^x$ 和 $y=\left(\frac{1}{3}\right)^x$ 的图象,并观察它们是增函数还是减函数.

5. 截止到 2005 年 1 月,我国人口约为 13 亿,若今后能将人口年平均递增率控制在 0.1%,经过 x 年后,我国人口数为 y(亿):

(1) 求经过 1 年、2 年、3 年后的人口数是多少?

(2) 求人口数 y 与年数 x 的函数关系式;

(3) 求此函数的定义域;

(4) 判断此函数的单调性,并指出函数的增、减有什么实际意义?

趣味岛

分期付款如何计算

陈老师急匆匆地找我看一份合同,是一份下午要签字的购房合同.内容是陈老师购买安居工程集资房 72 m^2,单价为每平方米 1000 元,一次性国家财政补贴 28800 元,学校补贴 14400 元,余款由个人负担.房地产开发公司对教师实行分期付款,每期为一年,等额付款,分付 10 次,10 年后付清,年利率为 7.5%,房地产开发公司要求陈老师每年付款 4200 元,但陈老师不知这个数是怎样得到的.

陈老师说自己到银行咨询，对方说算法是假设每一年付款为 a 元，那么 10 年后第一年付款的本利和为 1.075^9a 元. 同样的方法算得第二年付款的本利和为 1.075^8a 元、第三年为 1.075^7a 元，…，第十年为 a 元，然后把这 10 个本利和加起来等于余额部分按年利率为 7.5%计算 10 年的本利和，即 $1.075^9a+1.075^8a+1.075^7a+\cdots+a=(72\times1000-28800-14400)\times1.075^{10}$，解得的 a 的值即为每年应付的款额. 他不能理解的是自己若按时付款，为何每期的付款还要计算利息？

银行的算法是正确的，不妨用这种方法来解释：假设你没有履行合同，即没有按年付每期的款额，且 10 年中一次都不付款，那么第一年应付的款额 a 元到第十年付款时，你不仅要付本金 a 元，还要付 a 元所产生的利息，共为 1.075^9a 元. 同样，第二年应付的款额 a 元到第十年付款时应付金额为 1.075^8a 元，第三年为 1.075^7a 元，…，第十年为 a 元，而这 10 年中你一次都没付款，与你应付余款 $72\times1000-28800-14400$ 在 10 年后一次付清时的本息是相等的，仍得到 $1.075^9a+1.075^8a+1.075^7a+\cdots+a=(72\times1000-28800-14400)\times1.075^{10}$. 用这种方法计算的 a 值即为你每年应付的款额.

生活中的数学

我们已经学习了指数函数的图象、性质，接下来我们将以“环保”为主题去研究生活中与指数函数有关的实际问题.

例 1 电冰箱使用的氟化物的释放破坏了大气层的臭氧层，臭氧含量 Q 近似满足关系式 $Q=Q_0\cdot0.9975^t$，其中 Q_0 是臭氧的初始量，t 是时间(年)，这里设 $Q_0=1$.

(1) 计算经过 20，40，60，80，100 年，臭氧含量 Q；

(2) 试分析随着时间的增加，臭氧含量 Q 是增加还是减少.

解 (1) 使用科学计算器可算得，经过 20，40，60，80，100 年后，臭氧含量分别是：$0.9975^{20}\approx0.9512$，$0.9975^{40}\approx0.9047$，$0.9975^{60}\approx0.8605$，$0.9975^{80}\approx0.8185$，$0.9975^{100}\approx0.7786$.

(2) 通过计算可以知道，随着时间的增加，臭氧的含量在逐渐减少.

例 2 自 1997 年起的三年内，我国城市垃圾平均每年以 9%的速度增长，到 1999 年底，三年总共堆存的垃圾已达 60 亿吨，侵占了约 5 亿平方米的土地.

(1) 问 1997 年我国城市垃圾约有多少亿吨?

(2) 从资源学观点来看，生活垃圾也是资源，如果 1.4 亿吨垃圾用来发电，可以节约 2333 万吨煤炭，我国每年处理堆存垃圾的 $\frac{1}{10}$ 用于发电，问自 1997 年起的三年内用垃圾发电，共可节约多少吨煤炭?

解 (1) 设 1997 年我国城市共有 x 亿吨垃圾，则 1998 年，1999 年我国城市共有

垃圾分别为 $x(1+9\%)$ 亿吨，$x(1+9\%)^2$ 亿吨.

由题意，得

$$x+x(1+9\%)+x(1+9\%)^2=60,$$

解得 $$x=18.3(\text{亿吨}),$$

所以，1997 年我国城市垃圾约有 18.3 亿吨.

(2) $60\times\frac{1}{10}\div1.4\times2333=9998.6$(万吨)，

所以，三年共节约煤炭 9998.6 万吨.

例 3 上海市政府为民办实事，大搞绿化，据统计上海 2000 年底人口为 1700 万，人均绿化面积为 4.5 m^2. 已知上海每年人口增长率为 $-3‰$，问：

(1) 上海必须至少每年平均新增绿化面积多少万平方米，才能在 2005 年底达到花园城市的标准？(人均绿化面积 7 m^2)

(2) 若上海每年平均绿化面积增长率相同，则从 2000 年起，必须至少每年平均增长百分之几，才能达到花园城市标准？

解 (1) 设每年新增绿化面积 x 万平方米，由题意有

$$\frac{1700\times4.5+5x}{1700(1-3‰)^5}\geqslant7,$$

解得 $$x\geqslant814.5(\text{万平方米}).$$

所以，必须至少每年新增 814.5 万平方米，才能在 2005 年底达到花园城市标准.

(2) 设每年平均绿化增长率为 y，由题意有

$$\frac{1700\times4.5(1+y)^5}{1700(1-0.3‰)^5}\geqslant7,$$

解得 $$y\geqslant8.9\%.$$

所以，从 2000 年起，必须至少每年平均增长 8.9%，才能达到花园城市标准.

§4.4 对数的概念

已知 $3^x=5$，如何求 x 呢？这也就是已知底数和幂的值，求指数的问题.

如果 $a^b=N(a>0$，且 $a\neq1)$，那么称 b 是以 a 为底的 N 的**对数**，记作

$$\log_a N=b\ (a>0,\text{且 }a\neq1,N>0).$$

其中 a 称为**底数**(简称**底**)，正数 N 称为**真数**.

对于三个数 a,b,N，$a^b=N$ 称为**指数式**，$\log_a N=b$ 称为**对数式**.

根据对数的定义，可以得到下面的对数恒等式：

$$a^{\log_a y}=y\ (a>0,\text{且 } a\neq 1, y>0)$$

$$\log_a a^y=y\ (a>0,\text{且 } a\neq 1)$$

例如，$2^{\log_2 32}=32$，$10^{\log_{10} 100}=100$.

根据对数的定义，对数具有下述基本性质：

(1) 1 的对数为 0，即 $\log_a 1=0$；

(2) 底的对数等于 1，即 $\log_a a=1$；

(3) 0 和负数没有对数.

通常把以 10 为底的对数称为常用对数，为了简便，N 的常用对数 $\log_{10} N$ 记作 $\lg N$. 例如，$\log_{10} 5$ 记作 $\lg 5$，$\log_{10} 3.5$ 记作 $\lg 3.5$.

注　计算器、计算机上都用 log 表示常用对数，实质上就是 lg.

在工程技术中常常使用以无理数 e=2.71828…为底的对数，以 e 为底的对数称为自然对数. 例如，$\log_e 3$ 记作 $\ln 3$，$\log_e 10$ 记作 $\ln 10$.

任一正实数的常用对数或自然对数都可使用计算器计算.

例 1　把下列指数式写成对数式，对数式写成指数式：

(1) $5^4=625$；　　(2) $2^{-6}=\frac{1}{64}$；

(3) $3^\alpha=27$；　　(4) $\left(\frac{1}{3}\right)^m=5.73$；

(5) $\log_{\frac{1}{2}} 16=-4$；　　(6) $\log_2 128=7$；

(7) $\lg 0.01=-2$；　　(8) $\ln 10=2.303$.

解　(1) $\log_5 625=4$.

(2) $\log_2 \frac{1}{64}=-6$.

(3) $\log_3 27=\alpha$.

(4) $\log_{\frac{1}{3}} 5.73=m$.

(5) $\left(\frac{1}{2}\right)^{-4}=16$.

(6) $2^7=128$.

(7) $10^{-2}=0.01$.

(8) $e^{2.303}=10$.

例 2　求值：

(1) $\log_2 2$；　　(2) $\log_2 1$；

(3) $\log_2 16$；　　(4) $\log_2 \frac{1}{2}$；

(5) $\lg 100$；　　(6) $\lg 0.01$.

解　(1) $\log_2 2=1$.

(2) $\log_2 1=0$.

(3) 因为 $2^4=16$, 所以 $\log_2 16=4$.

(4) 因为 $2^{-1}=\frac{1}{2}$, 所以 $\log_2 \frac{1}{2}=-1$.

(5) 因为 $10^2=100$, 所以 $\lg 100=2$.

(6) 因为 $10^{-2}=0.01$, 所以 $\lg 0.01=-2$.

例 3 利用计算器求下列对数(精确到 0.001):

(1) lg2001; (2) lg0.618;

(3) lg0.0045; (4) lg396.5;

(5) ln34.

解 用计算器计算,按键方法和结果如下:

题序	按 键	显 示	结 果
(1)	2001 [log]	3.301247089	3.301
(2)	0.618 [log]	−0.209011525	−0.209
(3)	0.0045 [log]	−2.346787486	−2.347
(4)	396.5 [log]	2.598243192	2.598
(5)	34 [ln]	3.526360525	3.526

注 不同型号计算机器输入方法有差异,以说明书为准.

一个不以 10 为底和不以 e 为底的对数,可用下面的式子

$$\log_b N=\frac{\log_a N}{\log_a b}$$

化为常用对数或自然对数计算,这个式子叫做换底公式.

例 4 计算下列各题(精确到 0.001):

(1) $\log_3 5$; (2) $\log_8 0.7$;

(3) $\log_{\frac{1}{2}} 3$.

解 利用换底公式得

(1) $\log_3 5=\frac{\lg 5}{\lg 3}$.

(2) $\log_8 0.7=\frac{\lg 0.7}{\lg 8}$.

(3) $\log_{\frac{1}{2}} 3=\frac{\lg 3}{\lg \frac{1}{2}}$.

用计算器计算,按键方法和结果如下:

题序	按　键	显　示	结　果
(1)	5 [log] [÷] 3 [log] [=]	1.464973521	1.465
(2)	0.7 [log] [÷] 8 [log] [=]	−0.171524391	−0.172
(3)	3 [log] [÷] [(] 1 [÷] 2 [)] [log] [=]	−1.584962501	−1.585

练习 4.4

1. 把下列指数形式改写成对数形式：

(1) $2^3=8$；　　(2) $4^{-3}=\frac{1}{64}$；

(3) $7.6^0=1$；　　(4) $4^{\frac{1}{2}}=2$.

2. 把下列对数形式改写成指数形式：

(1) $\log_3 9=2$；　　(2) $\log_2 \frac{1}{8}=-3$；

(3) $\log_{\frac{1}{3}} 9=-2$；　　(4) $\log_{\frac{1}{10}} 1000=-3$.

3. 求下列各式的值：

(1) $2^{\log_2 8}$；　　(2) $3^{\log_3 9}$；

(3) $2^{\log_2 5}$；　　(4) $3^{\log_3 7}$.

4. 求下列各式的值：

(1) $\log_6 36$；　　(2) $\log_2 \frac{1}{8}$；

(3) $\log_{0.1} 0.001$；　　(4) $\log_3 \frac{1}{81}$；

(5) $\log_4 64$；　　(6) $\log_{\frac{1}{2}} 4$；

(7) $\lg 10$；　　(8) $\lg 1$；

(9) $\lg 10000$；　　(10) $\lg 0.01$；

(11) $\lg 10^{-5}$；　　(12) $\lg 10^6$.

5. 用计算器计算(精确到 0.001)：

(1) $\lg 2$；　　(2) $\lg 3$；

(3) $\lg 500$；　　(4) $\lg 0.06$；

(5) $\ln 2$；　　(6) $\ln 30$.

6. 求证：$\log_a b=\frac{1}{\log_b a}$.

7. 计算下列各式的值(精确到 0.1)：

(1) $\log_2 10$；　　(2) $\log_5 4$；

(3) $\log_a b \cdot \log_b c \cdot \log_c a$.

§4.5 积、商、幂的对数

底数 $a>0$ 且 $a\neq 0$ 的幂有如下性质：

(1) $a^x \cdot a^y = a^{x+y}$；

(2) $\dfrac{a^x}{a^y} = a^x \cdot a^{-y} = a^{x-y}$；

(3) $(a^x)^y = a^{x \cdot y}$.

这些性质反映到对数中会怎样呢？

记 $M=a^x, N=a^y$，则

$$\log_a M = x, \log_a N = y,$$

又
$$a^{x+y} = a^x \cdot a^y = M \cdot N,$$

于是
$$\log_a (M \cdot N) = x + y,$$

所以
$$\log_a (M \cdot N) = \log_a M + \log_a N (a, M, N > 0, a \neq 1). \tag{1}$$

同理
$$\log_a \frac{M}{N} = \log_a M - \log_a N (a, M, N > 0, a \neq 1). \tag{2}$$

因为 $M=a^x$，所以 $M^y = a^{xy}$，于是

$$\log_a M^y = \log_a a^{xy} = xy,$$

即
$$\log_a M^y = y \log_a M (M > 0, y \in \mathbf{R}). \tag{3}$$

(1)～(3)式就是以对数形式表现的幂性质(1)～(3). 结果一旦导出，就是完全独立的对数运算性质，不再依赖于幂，用文字表述这三个公式，依次是

公式(1)：积的对数等于对数的和；

公式(2)：商的对数等于对数的差；

公式(3)：幂的对数等于指数与底的对数之积.

随着先进计算工具(例如计数器)的不断普及，复杂的乘、除、幂运算已经是举手之劳，对数作为简化运算的功能早已风光不再，然而它的母体——对数函数，在自然科学和社会科学的各个领域中，仍然是重要的基本函数之一.

例 1 以 10 为底的对数 $\log_{10} M$ 记作 $\lg M$. 已知 $\lg 2 = 0.3010$，$\lg 3 = 0.4771$，求下列对数(结果保留 4 个有效数字)：

(1) $\lg 6$；　　(2) $\lg \sqrt{3}$；　　(3) $\lg 20$；

(4) $\lg (2^{\frac{1}{3}} \times 3^{\frac{1}{8}})$；　　(5) $\lg \dfrac{400}{2^{20}}$.

解 (1) $\lg 6 = \lg (2 \times 3) = \lg 2 + \lg 3 = 0.3010 + 0.4771 = 0.7781$.

(2) $\lg\sqrt{3}=\lg 3^{\frac{1}{2}}=\frac{1}{2}\lg 3=\frac{1}{2}\times 0.4771=0.2386$.

(3) $\lg 20=\lg(10\times 2)=\lg 10+\lg 2=1+0.3010=1.301$.

(4) $\lg(2^{\frac{1}{3}}\times 3^{\frac{1}{8}})=\lg 2^{\frac{1}{3}}+\lg 3^{\frac{1}{8}}=\frac{1}{3}\lg 2+\frac{1}{8}\lg 3=\frac{1}{3}\times 0.3010+\frac{1}{8}\times 0.4771\approx 0.1600$.

(5) $\lg\frac{400}{2^{20}}=\lg 400-\lg 2^{20}=\lg 100+\lg 4-20\lg 2=2+\lg 2^2-20\lg 2=2+2\lg 2-20\lg 2$

$=2-18\lg 2=2-18\times 0.3010=-3.418$.

例 2 计算下列各题：

(1) $\log_a 3+\log_a\frac{1}{3}(a>0,a\neq 1)$；

(2) 已知 $\log_a 2=0.2$，求 $\log_a 29-\log_a 116(a>0,a\neq 1)$.

解 (1) $\log_a 3+\log_a\frac{1}{3}=\log_a\left(3\times\frac{1}{3}\right)=\log_a 1=0$

或 $\log_a 3+\log_a\frac{1}{3}=\log_a 3+(\log_a 1-\log_a 3)=0$.

(2) $\log_a 29-\log_a 116=\log_a\frac{29}{116}=\log_a\frac{1}{4}=\log_a 1-\log_a 4=0-\log_a 2^2=-2\log_a 2=-0.4$.

练习 4.5

1. 已知 $\lg 3=0.4771$，$\lg 7=0.8451$，求下列对数(保留 4 个有效数字)：

(1) $\lg\frac{27}{49}$；　(2) $\lg\sqrt[3]{21}$；　(3) $\lg\sqrt{\frac{7}{243}}$；

(4) $\lg 630$；　(5) $\lg\frac{1}{49^{\frac{1}{4}}}$；　(6) $\lg(63^{\frac{1}{3}}\times 3^{\frac{1}{8}})$；

(7) $\lg\frac{900}{49^{10}}$.

2. 计算下列各题：

(1) $\log_a 3a^2+\log_a\frac{1}{3}(a>0,a\neq 1)$；

(2) $\log_{a^5}a^2-\log_{b^5}b^2$.

§4.6 对数函数

我们把形如 $y=\log_a x(a>0,a\neq1)$ 的函数叫做**对数函数**. 其中 $x\in(0,+\infty)$，$y\in\mathbf{R}$，a 叫做**底数**，x 叫做**真数**.

下面我们来研究对数函数的图象和性质，首先来画出两个对数函数的图象.

(1) $y=\log_2 x$；　　　　(2) $y=\log_{\frac{1}{2}} x$.

列表：

x	…	$\frac{1}{8}$	$\frac{1}{4}$	$\frac{1}{2}$	1	2	4	8	…
$y=\log_2 x$	…	-3	-2	-1	0	1	2	3	…
$y=\log_{\frac{1}{2}} x$	…	3	2	1	0	-1	-2	-3	…

用描点法画出图象，由图象可以看到 $y=\log_2 x$ 在 $(0,+\infty)$ 上是增函数，$y=\log_{\frac{1}{2}} x$ 在 $(0,+\infty)$ 上是减函数，这两个函数的值可以取一切实数，且它们的图象都过点 $(1,0)$. 一般地，观察对数函数 $\log_a x(a>0$ 且 $a\neq1)$ 的图象可以得出对数函数的性质，列表如下：

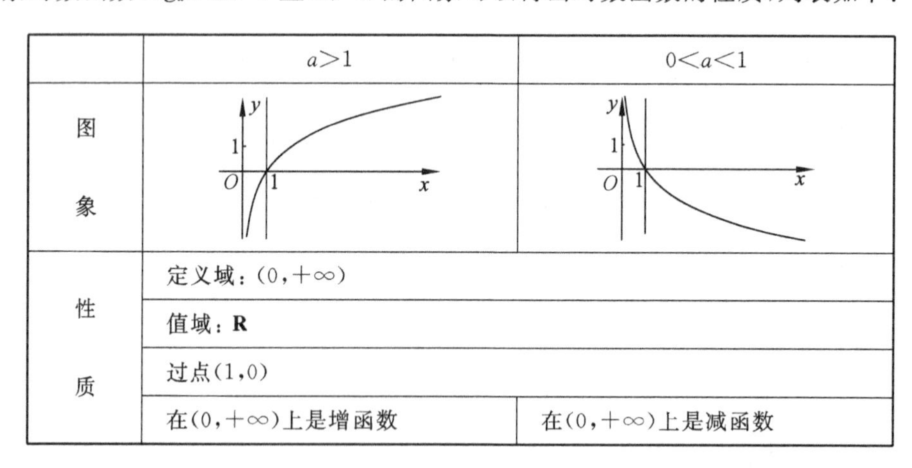

	$a>1$	$0<a<1$
图象		
性质	定义域：$(0,+\infty)$	
	值域：$\mathbf{R}$	
	过点 $(1,0)$	
	在 $(0,+\infty)$ 上是增函数	在 $(0,+\infty)$ 上是减函数

例 1 求下列函数的定义域：

(1) $y=\log_a x^2$；　　　　(2) $y=\log_a(4-x)$；

(3) $y=\log_a(9-x^2)$.

分析 此题主要利用对数函数 $y=\log_a x$ 的定义域 $(0,+\infty)$ 求解.

解 (1) 由 $x^2>0$ 得 $x\neq0$，所以函数 $y=\log_a x^2$ 的定义域是

$$\{x\,|\,x\neq0\}.$$

(2) 由 $4-x>0$ 得 $x<4$，所以函数 $y=\log_a(4-x)$ 的定义域是

$$\{x \mid x<4\}.$$

(3) 由 $9-x^2>0$ 得 $-3<x<3$，所以函数 $y=\log_a(9-x^2)$ 的定义域是

$$\{x \mid -3<x<3\}.$$

例 2 比较下列各组数中两个值的大小：

(1) $\log_2 3.4$， $\log_2 8.5$； (2) $\log_{0.3} 1.8$， $\log_{0.3} 2.7$.

解 (1) 考查对数函数 $y=\log_2 x$.

因为它的底数 $2>1$，所以它在 $(0,+\infty)$ 上是增函数，于是

$$\log_2 3.4<\log_2 8.5.$$

(2) 考查对数函数 $y=\log_{0.3} x$.

因为它的底数 $0<0.3<1$，所以它在 $(0,+\infty)$ 上是减函数，于是

$$\log_{0.3} 1.8>\log_{0.3} 2.7.$$

小结 两个同底数的对数比较大小的一般步骤：

(1) 确定所要考查的对数函数；

(2) 根据对数底数判断对数函数增减性；

(3) 比较真数大小，然后利用对数函数的增减性判断两个数值的大小.

例 3 比较下列各组中两个值的大小：

(1) $\log_6 7$， $\log_7 6$； (2) $\log_3 \pi$， $\log_2 0.8$.

分析 由于两个对数不同底，故不能直接比较大小，但可在两个对数值中间插入一个已知数，间接比较两个对数的大小.

解 (1) 因为 $\log_6 7>\log_6 6=1$，$\log_7 6<\log_7 7=1$，所以

$$\log_6 7>\log_7 6.$$

(2) 因为 $\log_3 \pi>\log_3 1=0$，$\log_2 0.8<\log_2 1=0$，所以

$$\log_3 \pi>\log_2 0.8.$$

小结 两个不同底数的对数要引入中间变量比较大小.例 3 仍是利用对数函数的增减性比较两个对数的大小，当不能直接比较时，经常在两个对数中间插入 1 或 0 等，间接比较两个对数的大小.

练习 4.6

1. 画出函数 $y=\log_3 x$ 及 $y=\log_{\frac{1}{3}} x$ 的图象，并且说明这两个函数的相同性质和不同性质.

2. 求下列函数的定义域：

(1) $y=\log_3(1-x)$； (2) $y=\dfrac{1}{\log_2 x}$.

3. 比较下列各组中两个对数的大小：

(1) $\log_{0.3} 0.7$，$\log_{0.4} 0.3$； (2) $\log_{0.3} 0.1$，$\log_{0.2} 0.3$.

趣味岛

全球变暖的问题

当今，全球气候具有变暖的趋势.全球变暖是国际社会最为关注的全球性大气环境问题.观测表明，近百年来全球平均气温已上升0.6～0.9 ℃.人类活动排入大气中的二氧化碳9600吨，而到2000年已递增到80亿吨.据科学家预测，如果大气中二氧化碳的含量增加一倍，那么地球气温将升高0.3 ℃.1988年6月，在加拿大多伦多召开的国际大气会议上，各国政府首脑、科学家们向全世界发出警告：人类无限制地燃烧煤和油，好比正在进行一次失去控制的全球性试验所引起的灾害.

思考：到哪一年全球的二氧化碳含量将递增到160亿吨？气温的年平均增长率为多少？

为了便于计算，我们不妨假设现在全球的平均气温为20 ℃，每年气温增长率及进入大气的二氧化碳率恒定.

这是一个运用指数函数和对数函数的实际问题，请同学们自己动手算一算.

生活中的数学

地震与对数

地震初看起来似乎很难与对数之间有什么关联，但用以测量地震强度大小的方法却把两者联系起来.美国地震学家C.F.里兹特在1935年设计了一种里氏震级.那是由地震的震中释放出的能量来描述的，里氏震级是释放能量的对数.里氏级数上升1级，地震仪曲线的振幅增大10倍，而地震能量的释放大约增加30倍.例如，一次里氏5级地震所释放的能量是一次里氏4级地震释放能量的30倍，而一次里氏8级地震所释放的能量差不多是一次里氏5级地震的30^3即27000倍.

里氏震级从0到9分为十级，但从理论上讲，它并没有上限.大于4.5级的地震便会造成损害，强烈地震的震级大于7.例如，2010年4月14日，在我国青海省玉树县发生的地震为里氏7.1级；2008年5月12日，在四川省汶川县发生的地震为里氏8.0级.这种强烈地震的破坏性很强，对人们的生命和财产安全造成了很大的损害.

今天，科学家们把对地震的研究纳入了地震学和地球物理学的领域.精密的仪器和方法被找到或被设计出来.最早的仪器之一——地震记录仪一直使用至今，它能自动地发现、测量地震或其他大地震动，并绘制出相关的图表.

复习整理

一、主要知识点

1. 重要公式结论.

(1) 指数的基本概念：

① $a^0=$________； ② $a^{-n}=$________； ③ $a^{\frac{1}{n}}=$________；

④ $a^{\frac{m}{n}}=$________； ⑤ $a^{-\frac{m}{n}}=$________.

(2) 指数的运算法则(等号左到右,右到左都要熟练掌握)：

① $a^m\cdot a^n=$________； ② $a^m\div a^n=$________ $(a\neq 0)$；

③ $(a^m)^n=$________； ④ $(ab)^m=$________；

⑤ $\left(\frac{a}{b}\right)^m=$________$(b\neq 0)$.

(3) 对数的基本概念：

① $a^b=N(a>0,a\neq 1)\Leftrightarrow$____________________；

② $\log_a 1=$____________； ③ $\log_a a=$____________；

④ $\log_a a^n=$____________； ⑤ $a^{\log_a N}=$____________.

(4) 积、商、幂对数基本公式：

① $\log_a(M\cdot N)=$____________$(a,M,N>0,a\neq 1)$；

② $\log_a\frac{M}{N}=$____________$(a,M,N>0,a\neq 1)$；

③ $\log_a M^b=$____________$(M>0,b\in\mathbf{R})$.

(5) 常用对数 $\log_{10}N$ 通常记作____________；

自然对数 $\log_e N$ 通常记作____________,其中 e=____________.

2. 函数________叫做指数函数,其中 x 是自变量,函数的定义域为 $\mathbf{R}$;函数________叫做对数函数,其中 $x\in(0,+\infty)$, $y\in\mathbf{R}$.

3. (1) 指数函数 $y=a^x(a>0$ 且 $a\neq 1)$的简图如下：

$a>1$ 时

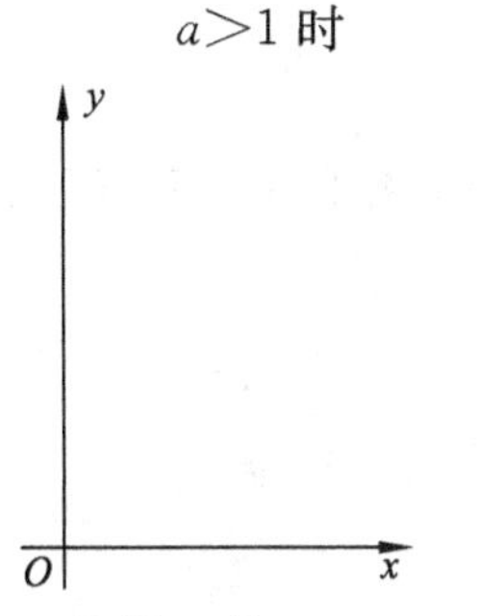

$0<a<1$ 时

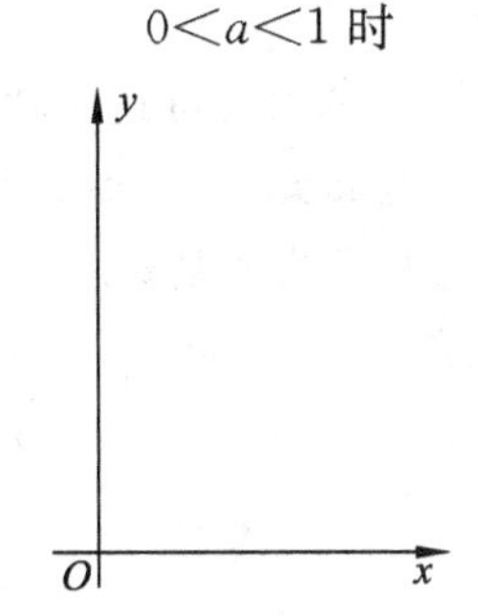

(2) 指数函数 $y=a^x(a>0$,且 $a\neq 1)$具有下列性质：

① 定义域为________________,值域是________________.

② 函数的图象都过点________________.

③ 当 $a>1$ 时,这个函数是____________函数；

当 $0<a<1$ 时，这个函数是__________函数.

4. 对数函数的性质.

由对数函数 $y=\log_a x(a>0$ 且 $a\neq1)$ 的图象观察得出对数函数的性质如下：

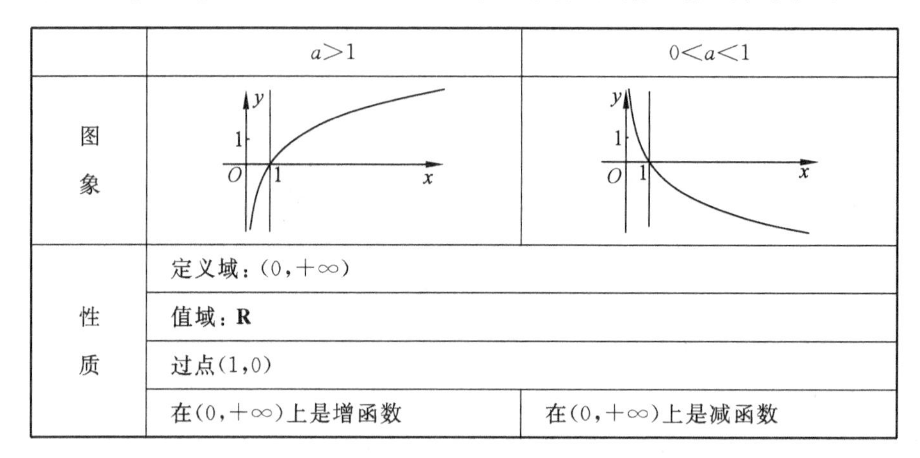

	$a>1$	$0<a<1$
图象	（图）	（图）
性质	定义域：$(0,+\infty)$	
	值域：$\mathbf{R}$	
	过点 $(1,0)$	
	在 $(0,+\infty)$ 上是增函数	在 $(0,+\infty)$ 上是减函数

复习题四

1. 判断下列函数是否为指数函数：

(1) $y=3^x$； (2) $y=3^{-x}$；

(3) $y=2\times3^x$； (4) $y=x^3$.

2. 下面给出的四个指数函数中，是减函数的是 ( )

A. $y=1.2^x$ B. $y=3^x$ C. $y=0.999^x$ D. $y=\pi^x$

3. 一种产品的年产量原来是 10000 件，在今后 m 年内，计划使年产量每年比上一年增加 $p\%$. 写出年产量 y 随经过年数 x 变化的函数关系式.

4. 某地区重视环境保护，绿色植被面积呈上升趋势，经过调查，现有森林面积为 1000 hm^2，每年增长 5%，经过 x 年，森林面积为 y hm^2.

(1) 写出 x,y 之间的函数关系式；

(2) 求出经过 5 年后的森林面积；

(3) 至少经过多少年后，森林面积可达 1300 hm^2？

5. 一种产品的成本原来是 a 元，在今后 m 年内，计划使成本每年比上一年降低 $p\%$，写出成本 y 随经过年数 x 变化的函数关系式.

6. 求下列函数的定义域：

(1) $y=\log_{\frac{1}{2}}(x^2+1)$； (2) $y=\log_{0.3}(x^2-2x)$；

(3) $y=\log_2(x^2-4x)$.

自测题四

一、判断题

1. 函数 $y=2^{-x}$ 是减函数. （　　）

2. $y=3^x$ 的最小值是 0. （　　）

3. 函数 $y=\log_3 x$ 的定义域为 $\mathbf{R}$. （　　）

二、填空题

4. 指数函数 $y=3^x$ 的函数图象经过点________，该函数在定义域上是________（增/减）函数.

5. 对数函数 $y=\log_{\frac{1}{2}} x$ 的函数图象经过点________，该函数在定义域上是________（增/减）函数.

6. 填空：

(1) $\log_{\frac{1}{5}}\frac{1}{625}=$________；　(2) $\log_{64}8=$________；

(3) $\left(\frac{1}{3}\right)^{\log_3 2}=$________；　(4) $23^{\log_{\frac{1}{23}}1}=$________.

7. (1) $\log_{\frac{1}{3}}\frac{1}{9}=2$ 化成指数形式是________________；

(2) $\log_{\frac{1}{4}}8=-\frac{3}{2}$ 化成指数形式是________________；

(3) $125^{\frac{1}{3}}=5$ 化成指数形式是________________；

(4) $32^{-\frac{1}{5}}=\frac{1}{2}$ 化成指数形式是________________.

三、选择题

8. 函数 $y=a^x(0<a<1)$ 的图象大致是 （　　）

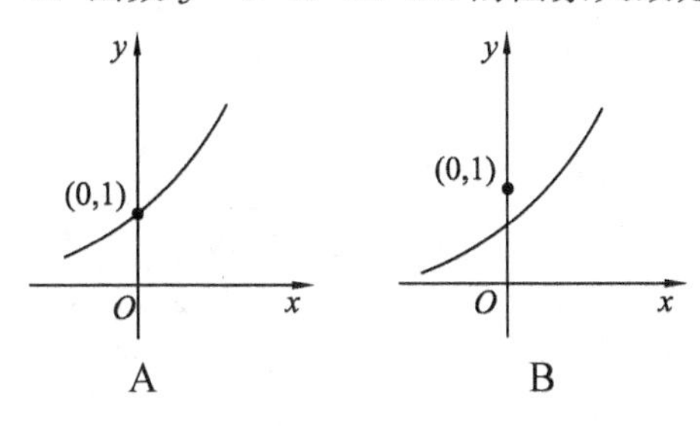

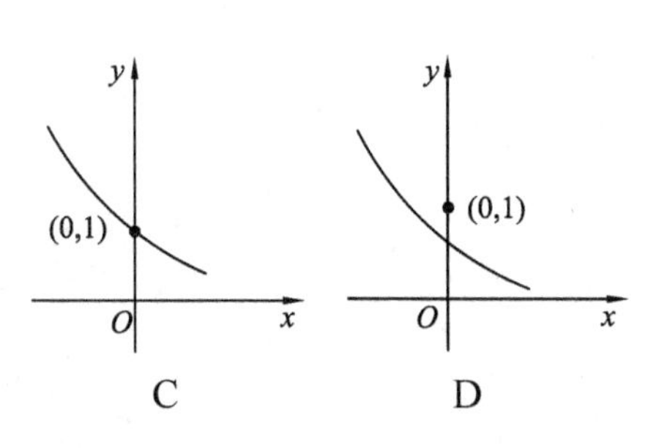

9. 已知函数 $f(x)=2^{x-1}$，则 $f(1)-f(0)$ 的值为 （　　）

A. 2　　B. 3　　C. $\frac{1}{2}$　　D. 1

四、计算题

10. (1) $\lg\frac{300}{7}+\lg\frac{700}{3}+\lg 100$；

(2) $\log_2 3 \cdot \log_{27} 128$；

(3) 已知 $\lg 2=0.3010$，求 $\lg 5$；

(4) 已知 $\log_9 5=a$，$\log_9 7=b$，求 $\log_{35} 9$.

五、应用题

11. 抽气机每次抽出容器内空气的 60%，要使容器内的空气少于原来的 0.1%，则至少要抽几次？

12. 某种储蓄每期的利率为 r，按复利计算利息.若本金为 a 元，设存入 x 期后的本金和利息之和为 y.

(1) 写出本金和利息 y 随存期 x 变化的函数关系式；

(2) 如果存入的本金为 1000 元，每期利率为 2.5%，试计算存入 5 期后的本金和利息共为多少元；

(3) 要使本金与利息的和为存入时的 2 倍，应该至少存多少期？

第五章

三角函数

徐光启与《几何原本》

徐光启(1562—1633)，字子先，上海人，生活在晚明时代，是我国早期引进西方科学技术成果的关键人物，曾在明王朝中任过不少重要官职.万历三十一年(1603年)，他在南京结识了来华的西方传教士利马窦等人，开始接触西方的科学.其后，他非常热心于中西科学的融合，着力引进西方的数学、天文、火器、水利等方面的先进知识.对《几何原本》的介绍，是徐光启引进工作中的重要组成部分.《几何原本》是公元前3世纪希腊数学家欧几里得所著，全书共15卷，它从有限的几个公理出发，用公理化方法建立了一个完整的几何体系.该书从内容到方法都近乎完美，在西方学者中被奉为经典中的经典，以至于后世的数学家在著书立论时不敢轻易使用“原理”(即“原本”)作书名.徐光启为该书所吸引，决定将它翻译过来.

从万历三十四年(1606年)开始，他和利马窦合作翻译了前6卷，后来由于利马窦不愿继续此工作，全书未能译完.250年后，才由李善兰等人翻译了后面9卷.

徐光启翻译《几何原本》是一种创造性劳动.今天仍在使用的数学专用名词，如几何、点、线、面、钝角、锐角、三角形等，都是首次出现在徐光启的译作中的，仅此一点，就足以奠定徐光启在中国数学史上的地位.除《几何原本》外，对天文计算极其重要的球面三角知识，也是徐光启率先介绍过来的.徐光启本人著有《测量异同》、《勾股义》等数学著作. 他把中西测量方法和数学方法进行了一些比较,并且运用《几何原本》中的几何定理来使中国古代的数学方法严密化,这些工作对此后我国数学的发展起到了一定作用.

徐光启在引进西方先进成果的同时,也继承了不少中国传统科学的优秀成果. 他在中国学术传统转化过程中,起了开拓性的作用. 本章我们将学习三角函数的基础知识.

§5.1 角的概念推广及度量角的弧度制

5.1.1 角的概念推广

在平面内,角可以看成是由一条射线绕着它的端点旋转而成的图形. 如图 5-1 所示,射线的端点 O 称为角 α 的顶点,起始位置 OA 称为角 α 的始边,终止位置 OB 称为角 α 的终边.

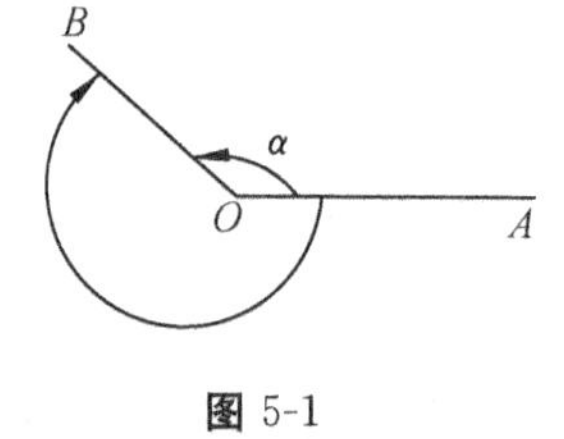

图 5-1

一条射线绕着它的端点在平面内旋转,所以按顺时针和逆时针两种方向. 规定按逆时针方向旋转形成的角为**正角**;按顺时针方向旋转形成的角为**负角**;当一条射线没有旋转时,也把它看成一个角,称为**零角**.

角的概念经过这样的推广后,包括任意大小的正角、负角和零角,它们统称为**任意角**.

本章在直角坐标系内研究角,角的顶点与坐标原点重合,角的始边与 x 轴正半轴重合,角的终边在第几象限,就称这个角是**第几象限的角**. 如果角的终边在坐标轴上,那么规定这个角不属于任何象限,且称它为**界限角**.

如图 5-2 所示,具有相同的始边和终边的角,称为终边相同的角. 由于终边转动一周是 360°或 −360°,所以角 α 的终边转动若干周后,这些角 β 均可以表示为

$$\beta=k\cdot 360°+\alpha\ (0°\leqslant\alpha<360°, k\in\mathbf{Z}),$$

用集合可以记作

$$\{\beta|\beta=k\cdot 360°+\alpha, 0°\leqslant\alpha<360°, k\in\mathbf{Z}\}.$$

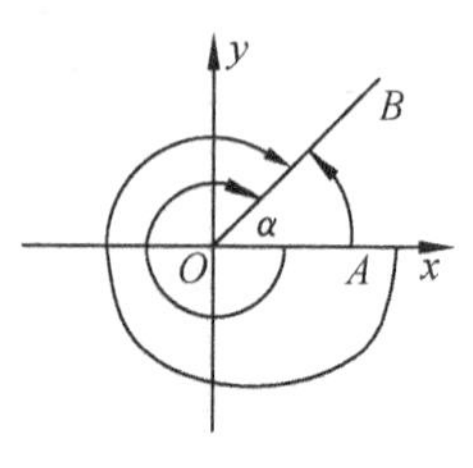

图 5-2

例 1 写出与下列各角终边相同的角的集合:

(1) 45°;　　(2) 240°.

解 (1) 与 45°终边相同的角的集合是

$$A=\{\alpha|\alpha=k\cdot 360°+45°,k\in \mathbf{Z}\}.$$

(2) 与 240°终边相同的角的集合是

$$B=\{\alpha|\alpha=k\cdot 360°+240°,k\in \mathbf{Z}\}.$$

例 2 把下列各角写成 $k\cdot 360°+\alpha(0°\leqslant\alpha<360°,k\in \mathbf{Z})$的形式,并判定它们分别是第几象限的角:

(1) 640°; (2) −1650°.

解 (1) 因为 640°=360°+280°,所以 640°是与 280°终边相同的角.

又因为 280°是第四象限的角,所以 640°是第四象限的角.

(2) 因为 −1650°=(−5)×360°+150°,所以 −1650°是与 150°终边相同的角.

又因为 150°是第二象限的角,所以 −1650°是第二象限的角.

5.1.2 弧度制

我们知道,把一圆周 360 等分,其中 1 份所对的圆心角是 1 度的角,记为 1°,这种用度作为单位来度量角的制度称为角度制. 在科学研究和实际应用中,还常用到另一种以弧度为单位的度量制——弧度制,它的单位符号是 rad,读作弧度. 并规定等于半径长的圆弧所对的圆心角称为 1 弧度的角,记为 1 rad,读作 1 弧度.

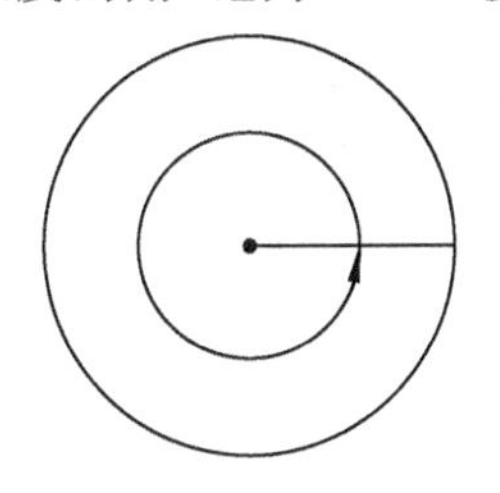

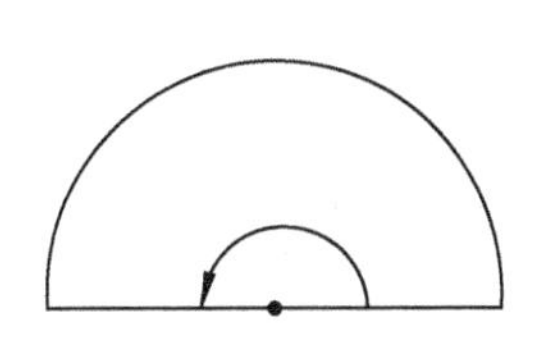

图 5-3

如图 5-3 所示,周角所对的弧长为 $2\pi r$,那么周角的弧度是 2π. 而在角度制里周角是 360°,因此

$$360°=2\pi \text{ rad}$$

$$180°=\pi \text{ rad}$$

$$1°=\frac{\pi}{180}\text{ rad}\approx 0.01745 \text{ rad}$$

$$1 \text{ rad}=\frac{180°}{\pi}\approx 57.30°=57°18'$$

用弧度表示角时,弧度或 rad 通常省略不写.

常用特殊角的角度与弧度的换算如下表所示:

度	0°	30°	45°	60°	90°	180°	270°	360°
弧度	0	$\frac{\pi}{6}$	$\frac{\pi}{4}$	$\frac{\pi}{3}$	$\frac{\pi}{2}$	π	$\frac{3\pi}{2}$	2π

在弧度制下，与角 α 终边相同的角的集合可记作

$$A=\{\beta \mid \beta=2k\pi+\alpha, k\in \mathbf{Z}\}.$$

例 3 （1）把 $67°30'$ 化成弧度；

（2）把 $\frac{3\pi}{5}$ 化成角度.

解 （1）因为 $67°30'=\left(\frac{135}{2}\right)°$，所以

$$67°30'=\frac{\pi}{180}\times\frac{135}{2}=\frac{3}{8}\pi.$$

（2）因为 $1=\frac{180°}{\pi}$，所以

$$\frac{3\pi}{5}=\frac{3}{5}\times180°=108°.$$

由于角有正负，所以规定正角的弧度数是正数，负角的弧度数是负数，零角的弧度数为零.

度数与弧度数的换算，一般使用计算器进行.

例 4 将下列各角化成 $2k\pi+\alpha(0\leqslant\alpha<2\pi, k\in\mathbf{Z})$ 的形式：

（1）$\frac{19\pi}{3}$；　　（2）$-315°$.

解 （1）$\frac{19\pi}{3}=3\times2\pi+\frac{\pi}{3}$.

（2）$-315°=-360°+45°=-2\pi+\frac{\pi}{4}$.

例 5 用计算器把下列角度化为弧度或把弧度化为角度（保留 4 个有效数字）：

（1）$100.16°$；　　（2）$-200°$；

（3）-2.5；　　（4）$\frac{\pi}{7}$.

解 在计算（1）、（2）两题之前，首先用 [MODE] 键把计算器调到 [DEG] 状态，表示输入的数字是角度制的角，然后的操作如下表：

题序	按键顺序	显示	结果
（1）	100.16 [×] [2ndF] [π] ÷180 [=]	1.748121779	1.748
（2）	200 [+/−] [×] [2ndF] [π] [÷] 180 [=]	−3.490658504	−3.491

在计算（3）、（4）两题之前，首先用 [MODE] 键把计算器调到 [RAD] 状态，表示输入的数字

是弧度制的角，然后的操作如下表：

题序	按键顺序	显示	结果
(3)	2.5 [+/−] [×] 180 [÷] [2ndF] [π] [=]	−143.2394488	−143.2°
(4)	[2ndF] [π] [÷] 7 [×] 180 [÷] [2ndF] [π] [=]	25.71428571	25.71°

一般地，如果圆的半径为 r，圆弧长为 l，那么该弧所对的圆心角 α 的弧度数的绝对值为

$$|\alpha|=\frac{l}{r},$$

因此得到弧长公式

$$l=|\alpha|r.$$

例 6 求图 5-4 中公路弯道部分弧 AB 的长 l(精确到 1 m，图中长度单位为米).

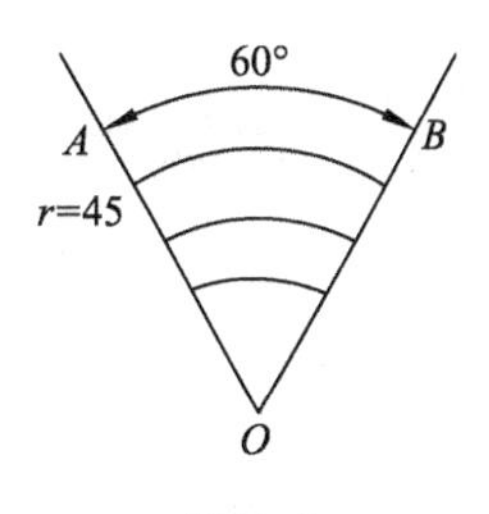

图 5-4

解 因为 $60°=\frac{\pi}{3}$，所以

$$l=|\alpha|r=\frac{\pi}{3}\times 45\approx 3.14\times 15=47(\text{m}).$$

练习 5.1

1. 回答下列问题：

(1) 锐角是第几象限的角？

(2) 第一象限的角是否都是锐角？

2. 在平面直角坐标系中作出如下各角，并判定它们是第几象限的角？

(1) 420°；　　(2) −150°；

(3) 510°；　　(4) −390°.

3. 把下列各角写成 $k\cdot 360°+\alpha(0°\leqslant\alpha<360°, k\in\mathbf{Z})$ 的形式，并判定它们是第几象限的角：

(1) 550°；　　(2) −1998°.

4. 写出与下列各角终边相同的角的集合：

(1) 75°；　　(2) −30°；

(3) −132°.

5. 将下列角度化为弧度：

(1) 60°；　　(2) 90°；

(3) 120°；　　(4) −90°；

(5) −180°；　　(6) −270°.

6. 将下列弧度化为角度：

(1) $\frac{3\pi}{4}$；　　(2) $-\frac{2\pi}{3}$；

(3) $\frac{\pi}{2}$；　　(4) $\frac{\pi}{3}$；

(5) π；　　(6) $-\frac{3\pi}{2}$.

7. 使用计算器，将下列各弧度化为度或把度化为弧度：

(1) 3；　　(2) 8；

(3) $-83°$；　　(4) $368°$.

8. 已知圆的半径为 0.5 m，分别求 2 rad、3 rad 圆心角所对的弧长.

趣味岛

动物中的数学"天才"

◆ 蜜蜂蜂房是严格的六角柱状体，它的一端是平整的六角形开口，另一端是封闭的六角菱锥形的底，由三个相同的菱形组成. 组成底盘的菱形的钝角为 109 度 28 分，所有的锐角为 70 度 32 分，这样既坚固又省料. 蜂房的巢壁厚 0.073 毫米，误差极小.

◆ 丹顶鹤总是成群结队迁飞，而且排成"人"字形."人"字形的角度是 110 度. 更精确地计算还表明"人"字形夹角的一半——即每边与鹤群前进方向的夹角为 54 度 44 分 8 秒！而金刚石结晶体的角度正好也是 54 度 44 分 8 秒！是巧合还是某种大自然的"默契"？

◆ 蜘蛛结的"八卦"形网，是既复杂又美丽的八角形几何图案，人们即使用直尺和圆规也很难画出像蜘蛛网那样匀称的图案.

◆ 冬天，猫睡觉时总是把身体抱成一个球形，这其间也有数学，因为球形使身体的表面积最小，从而散发的热量也最少.

◆ 真正的数学"天才"是珊瑚虫. 珊瑚虫在自己的身上记下"日历"，它们每年在自己的体壁上"刻画"出 365 条斑纹，显然是一天"画"一条. 奇怪的是，古生物学家发现 3 亿 5000 万年前的珊瑚虫每年"画"出 400 幅"水彩画". 天文学家告诉我们，当时地球一天仅 21.9 小时，一年不是 365 天，而是 400 天.

§5.2 任意角的三角函数

5.2.1 任意角的三角函数的定义

如图 5-5 所示，α 是直角三角形的一个锐角，在初中时，我们已学过

$$\sin\alpha=\frac{\alpha\text{ 的对边}}{\text{斜边}},\quad \cos\alpha=\frac{\alpha\text{ 的邻边}}{\text{斜边}},$$

$$\tan\alpha=\frac{\alpha\text{ 的对边}}{\alpha\text{ 的邻边}}.$$

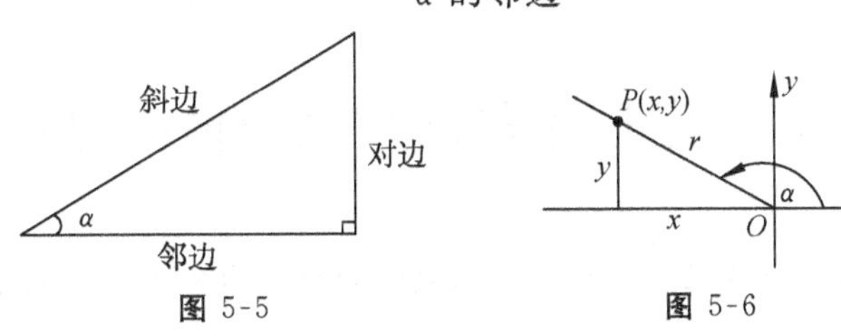

图 5-5　　图 5-6

下面我们利用平面直角坐标系研究任意角的三角函数值.

如图 5-6 所示，设 α 是一个任意角，$P(x,y)$为 α 终边上不与原点重合的任意一点，它与原点的距离为

$$r=|OP|=\sqrt{x^2+y^2}>0.$$

则三个量 x、y、r 中每两者之比$\frac{y}{r}$、$\frac{x}{r}$、$\frac{y}{x}$分别称为角 α 的正弦、余弦、正切，即

$$\sin\alpha=\frac{y}{r},\quad \cos\alpha=\frac{x}{r},\quad \tan\alpha=\frac{y}{x}.$$

根据相似三角形的性质可知，这三个比值只依赖于角 α 的大小，而与点 P 在 α 角终边上的位置无关.

当角 α 的终边落在 y 轴上，即 $\alpha=k\pi+\frac{\pi}{2}(k\in\mathbf{Z})$时，$\tan\alpha=\frac{y}{x}$没有意义(因为$x=0$).

除去上述无意义的情况外，对于角 α 每一个确定的值，上述三个比值都是唯一确定的.

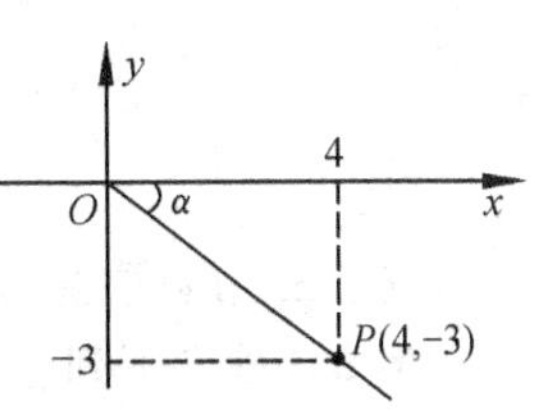

图 5-7

例 1　已知角 α 终边上的一点 $P(4,-3)$，求角 α 的正弦、余弦、正切值.

解　如图 5-7 所示，因为 $x=4$，$y=-3$，所以

$$r=\sqrt{x^2+y^2}=5.$$

由角的三角函数的定义可得

$$\sin\alpha=\frac{y}{r}=-\frac{3}{5},$$

$$\cos\alpha=\frac{x}{r}=\frac{4}{5},$$

$$\tan\alpha=\frac{y}{x}=-\frac{3}{4}.$$

例 2 利用定义求角 π 的正弦、余弦、正切值.

解 如图 5-8 所示,在角 π 的终边上任取一点 $P(x,y)$,则

$$y=0,r=-x.$$

所以 $\sin\pi=0,\cos\pi=-1,\tan\pi=0$.

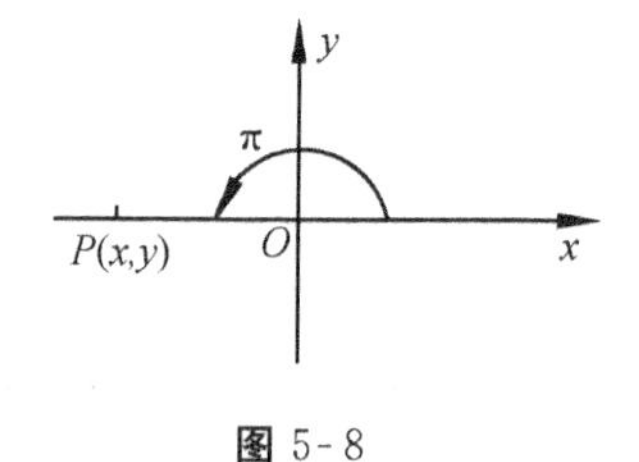

图 5-8

根据任意角的三角函数的定义可得,终边相同角的同名三角函数值相等,即

$$\sin(2k\pi+\alpha)=\sin\alpha,\quad \cos(2k\pi+\alpha)=\cos\alpha,\quad \tan(2k\pi+\alpha)=\tan\alpha,$$

其中 $k\in\mathbf{Z}$.

5.2.2 象限角的三角函数值的符号

根据任意角的三角函数定义可知,三角函数值的符号由各象限内点的坐标符号唯一确定(如图 5-9 所示).

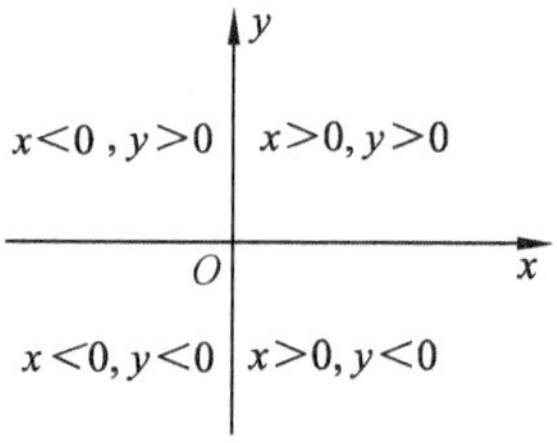

$x<0,y>0$ | $x>0,y>0$

$x<0,y<0$ | $x>0,y<0$

图 5-9

由此得到三角值在各象限的符号,如图 5-10 所示.

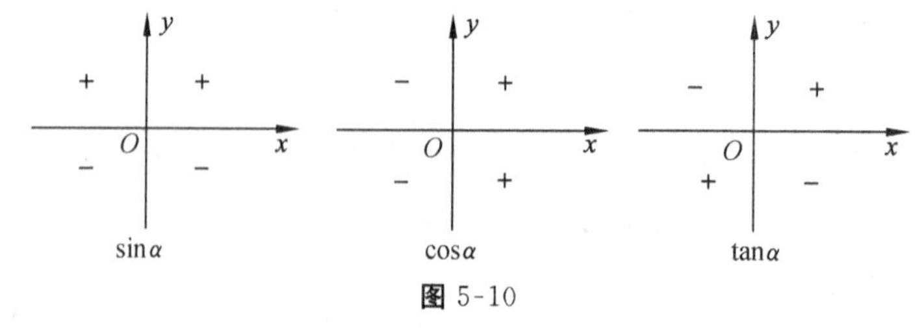

图 5-10

注 三角函数值的符号规律可以简述为:一全正、二正弦、三正切、四余弦.

例 3 确定下列各三角函数值的符号:

(1) $\sin\left(-\frac{\pi}{4}\right)$; (2) $\cos250°$;

(3) $\tan(-600°)$；　　　　　　(4) $\cos\frac{11\pi}{3}$.

解　(1) 因为$-\frac{\pi}{4}$是第四象限的角，所以$\sin\left(-\frac{\pi}{4}\right)<0$.

(2) 因为 250°是第三象限的角，所以 $\cos250°<0$.

(3) 因为$-600°=-720°+120°$，所以$-600°$是第二象限的角，因此 $\tan(-600°)<0$.

(4) $\frac{11\pi}{3}=4\pi-\frac{\pi}{3}$，因此$\frac{11\pi}{3}$是第四象限的角，故 $\cos\frac{11\pi}{3}>0$.

例 4　根据 $\sin\theta<0$ 且 $\tan\theta>0$，确定 θ 是第几象限的角.

解　因为 $\sin\theta<0$，所以 θ 是第三或第四象限的角，或者终边在 y 轴的负半轴上.

又因为 $\tan\theta>0$，所以 θ 是第一或第三象限的角.

故符合条件 $\sin\theta<0$ 且 $\tan\theta>0$ 的 θ 是第三象限的角.

5.2.3　使用计算器求任意角的三角函数值

使用计算器求三角函数值时，角 α 不一定是一个周期内的正角，它的大小、正负可以是任意的；给出的方式，既可以以角度制给出，也可以以弧度制给出. 因此在计算三角函数值之前，必须先使用[MODE]键把计算器调到相应的状态，后续的计算三角函数值的按键操作顺序是：先键入角(角度或弧度)，再按相应的三角函数键.

例 5　计算下列各函数值或各式的值(保留 4 个有效数字)：

(1) $\sin\left(-\frac{6\pi}{7}\right)$；　　　　　　(2) $\cos1840.2°$；

(3) $\tan(-7.55\pi)$；　　　　　　(4) $\tan(-22°30')\cdot\cos22°30'$.

解　列表给出结果.

题序	MODE 状态	按　键　顺　序	显　示	答　案
(1)	RAD	6 [÷] 7 [×] [2ndF] [π] [=] [+/−] [sin]	−0.433883739	−0.4339
(2)	DEG	1840.2 [cos]	0.763796028	0.7638
(3)	RAD	7.55 [+/−] [×] [2ndF] [π] [=] [tan]	6.31375151	6.314
(4)	DEG	22.30 [2ndF] [DMS→] [+/−] [tan] [×] 22.30 [2ndF] [DMS→] [cos] [=]	−0.382683432	−0.3827

例 5 的计算方法可以是多种多样的，下面对这里的计算方法作一些说明.

5.2.4 已知三角函数值求角

已知任意一个角,可以求出它的三角函数值.反过来,已知一个角的三角函数值,也可以求出它对应的一个角.首先要设定求出来的角用角度制还是弧度制表示,用[MODE]键切换来设定.如果切换成[RAD]状态,求出来的角是弧度;如果切换成[DEG]状态,求出来的角是角度.具体求角的按建顺序是:

先键入三角函数值,按[2ndF]键,再按一次,或[$\cos^{-1}$],或[$\tan^{-1}$]键,显示屏上立即显示对应的角.

例 6 已知:

(1) $\sin\alpha=-0.9392\ (-90°\leqslant\alpha\leqslant 90°)$;

(2) $\cos\alpha=0.7753\ (0°\leqslant\alpha\leqslant 180°)$;

(3) $\tan\alpha=-0.4541\ (-90°\leqslant\alpha\leqslant 90°)$;

(4) $\tan\alpha=10.0000\ (-90°\leqslant\alpha\leqslant 90°)$.

求分别以角度制和弧度制表示的角 α(弧度保留四个有效数字,角度精确到分).

分析 每题总是先求出弧度制结果,再转换成角度制.因此每题计算之前,总是把角的度量制调到[RAD]状态,先求出弧度制的角,再按以下顺序按键,求出角度制的角:

[×] [180] [÷] [2ndF] [π] [=]

此时显示的是角度,若要结果为度、分、秒制,可按下述顺序继续操作:

[2ndF] [→DMS]

解 按键顺序及结果见下表:

题号	按 键 顺 序	弧度制结果	角度制结果
(1)	0.9392 [+/−] [2ndF] [$\sin^{-1}$]	−1.220	−69°55′
(2)	0.7753 [2ndF] [$\cos^{-1}$]	0.6836	39°10′
(3)	0.4541 [+/−] [2ndF] [$\tan^{-1}$]	−0.4263	−24°25′
(4)	10 [2ndF] [$\tan^{-1}$]	1.471	84°17′

练习 5.2

1. 已知角 α 终边上的一点 $P(-2,1)$，求角 α 的正弦、余弦、正切值.

2. 求下列角的有意义的三角函数值：

(1) $\alpha=\frac{3\pi}{2}$；　　(2) $\alpha=2\pi$.

3. 填空：

(1) 若 $\sin\alpha>0$，则 α 是______或______象限的角，或者其终边在 y 轴的正半轴上；
　若 $\sin\alpha<0$，则 α 是______或______象限的角，或者其终边在 y 轴的负半轴上.

(2) 若 $\cos\alpha>0$，则 α 是______或______象限的角，或者其终边在 x 轴的正半轴上；
　若 $\cos\alpha<0$，则 α 是______或______象限的角，或者其终边在 x 轴的负半轴上.

(3) 若 $\tan\alpha>0$，则 α 是______或______象限的角；
　若 $\tan\alpha<0$，则 α 是______或______象限的角.

4. 确定下列各三角函数值的符号：

(1) $\cos\frac{3\pi}{5}$；　　(2) $\tan\left(-\frac{11\pi}{4}\right)$；

(3) $\sin\left(-\frac{6\pi}{5}\right)$；　　(4) $\sin\left(\frac{11\pi}{6}\right)$.

5. 根据下列各条件，确定角 α 所在的象限：

(1) $\sin\alpha>0$ 且 $\tan\alpha<0$；　　(2) $\cos\alpha>0$ 且 $\tan\alpha<0$.

6. 求下列三角函数值(结果保留 4 位有效数字)：

(1) $\sin75.52°$；　　(2) $\cos\left(-\frac{8\pi}{9}\right)$；

(3) $\tan\left(-\frac{\pi}{5}\right)$；　　(4) $\sin(-5)$.

7. 求下列各式中的 x：

(1) $\sin x=0.8675\ (-90°\leqslant\alpha\leqslant90°)$；

(2) $\cos x=-0.9018\ (0°\leqslant x\leqslant180°)$；

(3) $\sin x=-\frac{\sqrt{2}}{2}\ (-90°\leqslant x\leqslant90°)$；

(4) $\cos x=-\frac{1}{2}\ (0°\leqslant x\leqslant180°)$；

(5) $\tan x=3.415\ (-90°<x<90°)$.

§5.3 同角三角函数的基本公式

由三角函数的定义,可以得到同角三角函数之间有如下基本关系:

$$\sin^2\alpha+\cos^2\alpha=1, \tag{1}$$

$$\tan\alpha=\frac{\sin\alpha}{\cos\alpha}. \tag{2}$$

下面证明公式(1),公式(2)请读者自己证明.

设 $P(x,y)$ 为 α 终边上不与原点重合的任意一点,它与原点的距离 $r=\sqrt{x^2+y^2}$. 于是

$$\sin\alpha=\frac{y}{r},\cos\alpha=\frac{x}{r},\tan\alpha=\frac{y}{x}.$$

(1)式左边 $=\sin^2\alpha+\cos^2\alpha=\left(\frac{y}{r}\right)^2+\left(\frac{x}{r}\right)^2=\frac{x^2+y^2}{r^2}=\frac{r^2}{r^2}=1=$ 右边,

所以(1)式成立.

注 只有当角 α 的值使等式两边都有意义时,上述基本关系式才能成立. 以后不作特别说明,角的取值均使表达式有意义.

利用同角三角函数的基本关系式,知道一个角的某一三角函数值,就可以求出这个角的其余三角函数值. 此外,还可以用它们化简三角式和证明三角恒等式.

例 1 已知 $\sin\alpha=\frac{4}{5}$,且 α 是第二象限的角,求角 α 的余弦和正切.

解 因为 $\sin^2\alpha+\cos^2\alpha=1$,所以

$$\cos\alpha=\pm\sqrt{1-\sin^2\alpha}=\pm\frac{3}{5}.$$

又因为 α 是第二象限的角,所以

$$\cos\alpha<0,$$

故

$$\cos\alpha=-\frac{3}{5},\tan\alpha=\frac{\sin\alpha}{\cos\alpha}=-\frac{4}{3}.$$

例 2 化简 $\frac{1-2\sin^2\alpha}{2\cos^2\alpha-1}$.

解 因为 $\sin^2\alpha+\cos^2\alpha=1$,所以

$$\text{原式}=\frac{\sin^2\alpha+\cos^2\alpha-2\sin^2\alpha}{2\cos^2\alpha-(\sin^2\alpha+\cos^2\alpha)}=\frac{\cos^2\alpha-\sin^2\alpha}{\cos^2\alpha-\sin^2\alpha}=1.$$

练习 5.3

1. 已知 $\cos\theta=-\frac{4}{5}$ 且 θ 是第三象限角，求 $\sin\theta$ 和 $\tan\theta$ 的值.

2. 已知 $\sin\theta=-\frac{\sqrt{2}}{2}$ 且 θ 是第四象限角，求 $\cos\theta$ 和 $\tan\theta$ 的值.

§5.4 正弦、余弦、正切函数的负角公式和诱导公式

据三角函数的定义可知，角 α 的三角函数值与其说是取决于 α，还不如说取决于 α 的终边位置. 两个不同的角，若终边重合，对应的三角函数值必定相等. 由此可立即得到下面三个公式：

$$\sin(\alpha+2k\pi)=\sin\alpha,$$
$$\cos(\alpha+2k\pi)=\cos\alpha,$$
$$\tan(\alpha+2k\pi)=\tan\alpha,$$

其中 $k\in\mathbf{Z}$.

此外，我们还可以得到一些不同的角的三角函数值之间的相等关系.

(1) 负角公式

$$\sin(-\alpha)=-\sin\alpha,$$
$$\cos(-\alpha)=\cos\alpha,$$
$$\tan(-\alpha)=-\tan\alpha.$$

以上三个公式表示了任意一个角(对正切函数要求 α 的终边不在 y 轴上)与其对应的负角的同名三角函数之间的关系，故叫做负角公式.

(2) 诱导公式

同名三角函数诱导公式表

角变换 / 函数名	α	$\pi-\alpha$	$\pi+\alpha$	$2\pi-\alpha$
$\sin\alpha$	$\sin\alpha$	$\sin\alpha$	$-\sin\alpha$	$-\sin\alpha$
$\cos\alpha$	$\cos\alpha$	$-\cos\alpha$	$-\cos\alpha$	$\cos\alpha$
$\tan\alpha$	$\tan\alpha$	$-\tan\alpha$	$\tan\alpha$	$-\tan\alpha$

余角三角函数诱导公式表

角变换 / 函数名	$\frac{\pi}{2}-\alpha$	$\frac{\pi}{2}+\alpha$	$\frac{3\pi}{2}-\alpha$	$\frac{3\pi}{2}+\alpha$
$\sin\alpha$	$\cos\alpha$	$\cos\alpha$	$-\cos\alpha$	$-\cos\alpha$
$\cos\alpha$	$\sin\alpha$	$-\sin\alpha$	$-\sin\alpha$	$\sin\alpha$
$\tan\alpha$	$\cot\alpha$	$-\cot\alpha$	$\cot\alpha$	$-\cot\alpha$

有些同学发愁了：这么多的公式，我怎么记得住？其实这些公式并不复杂，而是很有规律的，这种规律可以总结成一句话：纵变横不变，符号看象限."纵变横不变"的意思是，如果角变换是关于横轴进行的，即把角 α 变为 $\pi\pm\alpha$ 或 $2\pi-\alpha$，那么关系是在同名函数值之间发生的（函数名不变）；如果角变换是关于纵轴进行的，即把角 α 变为$\frac{\pi}{2}\pm\alpha$ 或$\frac{3\pi}{2}\pm\alpha$，那么关系是在余角函数值之间发生的（函数名"正"变成"余"，"余"变成"正"）."符号看象限"的意思是，角变换前后，同名或不同名函数值之间的相等关系可能有一个符号变化：不管角 α 的实际大小，恒假设它是一个锐角，即 $\alpha\in\left(0,\frac{\pi}{2}\right)$，按这个假象可确定变换后的角所在的象限，变换后函数值的正负号，就是你在变换后的函数值之前所应该加的符号. 例如，假设 α 是一个锐角，则 $\pi+\alpha$ 是第三象限角，$\frac{3\pi}{2}-\alpha$ 是第三象限角，而第三象限角的正切值是正的，正弦是负的，所以 $\tan(\pi+\alpha)=\tan\alpha$，$\sin\left(\frac{3\pi}{2}-\alpha\right)=-\cos\alpha$.

例 1 化简三角式$\frac{\sin(\pi-\alpha)\cos(2\pi-\alpha)}{\tan(\alpha-\pi)\cos(-\alpha-2\pi)}$.

解 原式$=\frac{\sin\alpha\cos(-\alpha)}{-\tan(\pi-\alpha)\cos(2\pi+\alpha)}=\frac{\sin\alpha\cos\alpha}{\tan\alpha\cos\alpha}$

$$=\frac{\sin\alpha}{\tan\alpha}=\cos\alpha.$$

例 2 化简三角式$\frac{\cos\left(\frac{\pi}{2}+\alpha\right)\sin(3\pi-\alpha)}{\sin\left(\frac{\pi}{2}-\alpha\right)\sin(-\alpha-\pi)\tan(\pi+\alpha)}$.

解 原式$=\frac{-\sin\alpha\sin(\pi-\alpha)}{\cos\alpha[-\sin(\pi+\alpha)]\tan\alpha}=\frac{-\sin\alpha\sin\alpha}{\cos\alpha\sin\alpha\tan\alpha}$

$$=\frac{-\sin\alpha}{\cos\alpha\tan\alpha}=\frac{-\sin\alpha}{\sin\alpha}=-1.$$

例 3 求下列各三角函数值：

(1) $\sin\frac{11\pi}{4}$； (2) $\tan(-1560°)$； (3) $\cos\frac{7\pi}{6}$.

解 (1) $\sin\frac{11\pi}{4}=\sin\left(2\pi+\frac{3\pi}{4}\right)=\sin\frac{3\pi}{4}=\sin\left(\pi-\frac{\pi}{4}\right)$

$$=\sin\frac{\pi}{4}=\frac{\sqrt{2}}{2}.$$

(2) $\tan(-1560°)=-\tan1560°=-\tan(4\times360°+120°)$

$=-\tan120°=-\tan(180°-60°)$

$=\tan60°=\sqrt{3}.$

(3) $\cos\frac{7\pi}{6}=\cos\left[2\pi+\left(-\frac{5\pi}{6}\right)\right]=\cos\left(-\frac{5\pi}{6}\right)=\cos\frac{5\pi}{6}$

$=\cos\left(\pi-\frac{\pi}{6}\right)=-\cos\frac{\pi}{6}=-\frac{\sqrt{3}}{2}.$

练习 5.4

1. 求下列三角函数值：

(1) $\sin\left(-\frac{\pi}{4}\right)$；　　(2) $\cos(-30°)$；

(3) $\sin(-750°)$；　　(4) $\tan\frac{4\pi}{3}$.

2. 化简下列三角式：

(1) $\frac{\sin(\alpha-\pi)}{\cos(\pi-\alpha)}\cos\left(\alpha-\frac{\pi}{2}\right)\sin\left(\frac{\pi}{2}+\alpha\right)$；

(2) $\frac{\sin\left(\frac{\pi}{2}+\alpha\right)\tan(5\pi-\alpha)}{\cos(4\pi-\alpha)\sin(\pi+\alpha)}$.

§5.5 三角函数的图象与性质

5.5.1 正弦、余弦函数的图象与性质

1. 正弦线、余弦线

如图 5-11 所示，设任意角 α 的终边与单位圆相交于点 $P(x,y)$，过 P 作 x 轴的垂线，垂足为 M，则有

$$\sin\alpha=\frac{y}{r}=MP,\cos\alpha=\frac{x}{r}=OM.$$

有向线段 MP 叫做角 α 的正弦线，有向线段 OM 叫做角 α 的余弦线.

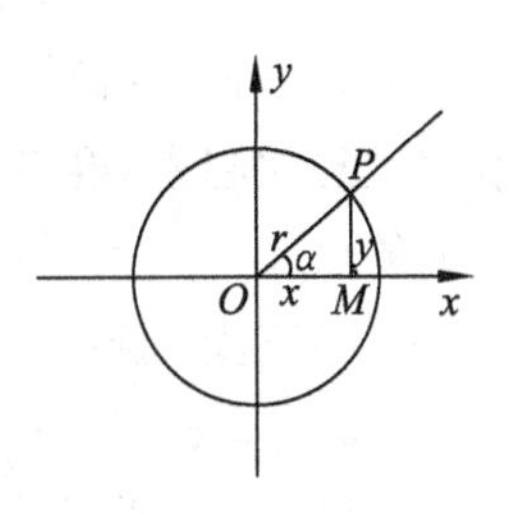

图 5-11

2. 用单位圆中的正弦线、余弦线作正弦函数、余弦函数的图象(几何法)

为了作三角函数的图象，三角函数的自变量要用弧度制来度量，这样使自变量与函数值都为实数. 在一般情况下，两个坐标轴上所取的单位长度应该相同，否则所作曲线的形状各不相同，从而影响初学者对曲线形状的正确认识.

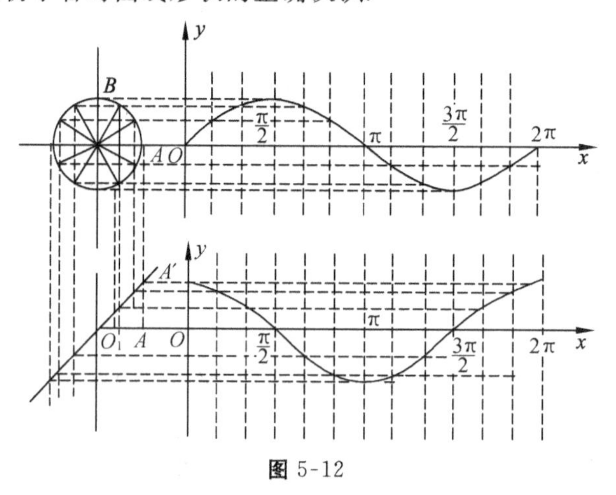

图 5-12

第一步：列表. 首先在单位圆中画出正弦线和余弦线. 在直角坐标系的 x 轴上任取一点 O_1，以 O_1 为圆心作单位圆，从这个圆与 x 轴的交点 A 起把圆分成几等份，过圆上的各分点作 x 轴的垂线，可以得到对应于角 $0,\frac{\pi}{6},\frac{\pi}{3},\frac{\pi}{2},\cdots,2\pi$ 的正弦线及余弦线(这等价于描点法中的列表).

第二步：描点. 我们把 x 轴上从 0 到 2π 这一段分成几等份，把角 x 的正弦线向右平行移动，使得正弦线的起点与 x 轴上相应的点 x 重合，则正弦线的终点就是正弦函数图象上的点.

第三步：连线. 用光滑曲线把这些正弦线的终点连结起来，就得到正弦函数 $y=\sin x$，$x\in[0,2\pi]$的图象，如图 5-12(1)所示.

现在来作余弦函数 $y=\cos x, x\in[0,2\pi]$的图象：

第一步：列表. 表就是单位圆中的余弦线.

第二步：描点. 把坐标轴向下平移，过 O_1 作与 x 轴的正半轴成$\frac{\pi}{4}$角的直线，又过余弦线 O_1A 的终点 A 作 x 轴的垂线，它与前面所作的直线交于 A'，那么 O_1A 与 AA' 长度相等且方向同时为正，我们就把余弦线 O_1A“竖立”起来成为 AA'，用同样的方法，将其他的余弦线也都“竖立”起来. 再将它们平移，使起点与 x 轴上相应的点 x 重合，则终点就是余弦函数图象上的点.

第三步：连线. 用光滑曲线把这些竖立起来的线段的终点连结起来，就得到余弦函数 $y=\cos x, x\in[0,2\pi]$的图象，如图 5-12(2)所示.

以上我们作出了 $y=\sin x, x\in[0,2\pi]$和 $y=\cos x, x\in[0,2\pi]$的图象，现在把上述图象沿着 x 轴向右和向左连续地平行移动，每次移动的距离为 2π，就得到 $y=\sin x, x\in\mathbf{R}$ 和 $y=$

$\cos x, x\in\mathbf{R}$ 的图象，分别叫做正弦曲线和余弦曲线(如图 5-13 所示).

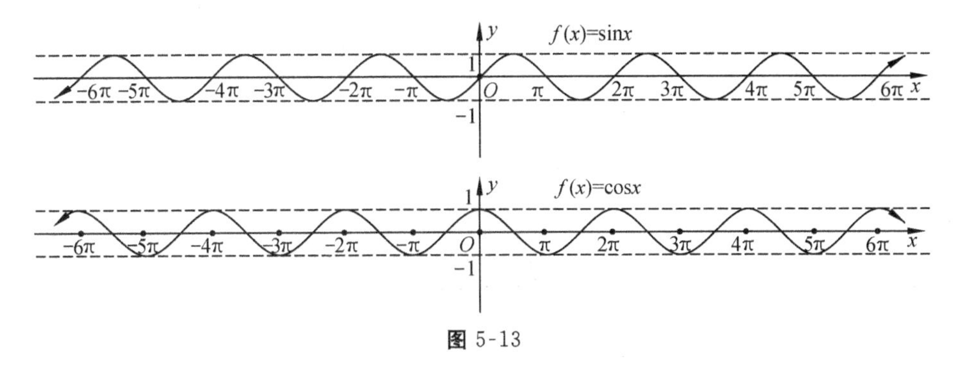

图 5-13

我们还可以用五点法作正弦函数和余弦函数的简图.

例如，在正弦函数 $y=\sin x, x\in[0,2\pi]$ 的图象中，先找出五个关键点：

$$(0,0),\left(\frac{\pi}{2},1\right),(\pi,0),\left(\frac{3\pi}{2},-1\right),(2\pi,0).$$

然后只要将这五个点描出，图象的形状就基本确定了. 因此在精确度不太高时，常采用五点法作正弦函数和余弦函数的简图，要求同学们熟练掌握.

注 (1) $y=\cos x$, $x\in\mathbf{R}$ 与函数 $y=\sin\left(x+\frac{\pi}{2}\right)$, $x\in\mathbf{R}$ 的图象相同；

(2) 将 $y=\sin x$ 的图象向左平移$\frac{\pi}{2}$即得 $y=\cos x$ 的图象；

(3) 同样也可用五点法作余弦函数的简图，$y=\cos x, x\in[0,2\pi]$的五个关键点是：

$$(0,1),\left(\frac{\pi}{2},0\right),(\pi,-1),\left(\frac{3\pi}{2},0\right),(2\pi,1).$$

例 1 作下列函数的简图：

(1) $y=\sin x$, $x\in[0,2\pi]$;　　(2) $y=\cos x$, $x\in[0,2\pi]$;

(3) $y=1+\sin x$, $x\in[0,2\pi]$;　　(4) $y=-\cos x$, $x\in[0,2\pi]$.

解 (1) 列表如下：

x	0	$\frac{\pi}{2}$	π	$\frac{3\pi}{2}$	2π
$\sin x$	0	1	0	-1	0

函数 $y=\sin x, x\in[0,2\pi]$的图象为

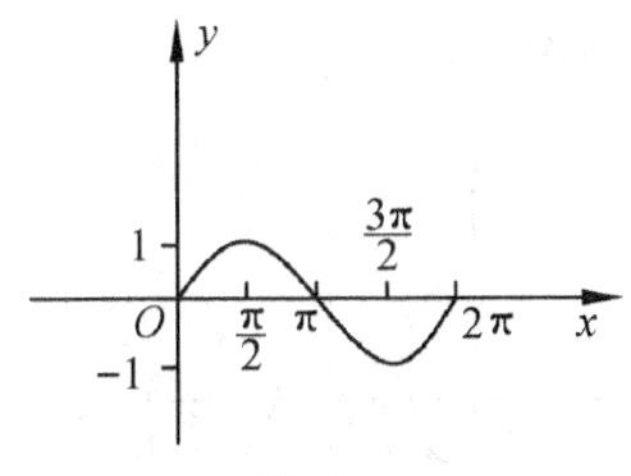

图 5-14

(2) 列表如下：

x	0	$\frac{\pi}{2}$	π	$\frac{3\pi}{2}$	2π
$\cos x$	1	0	-1	0	1

函数 $y=\cos x, x\in[0,2\pi]$的图象为

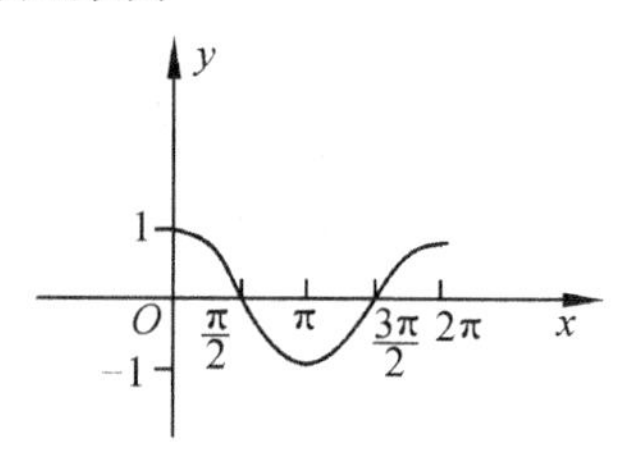

图 5-15

(3) 列表如下：

x	0	$\frac{\pi}{2}$	π	$\frac{3\pi}{2}$	2π
$\sin x$	0	1	0	-1	0
$1+\sin x$	1	2	1	0	1

函数 $y=1+\sin x, x\in[0,2\pi]$的图象为

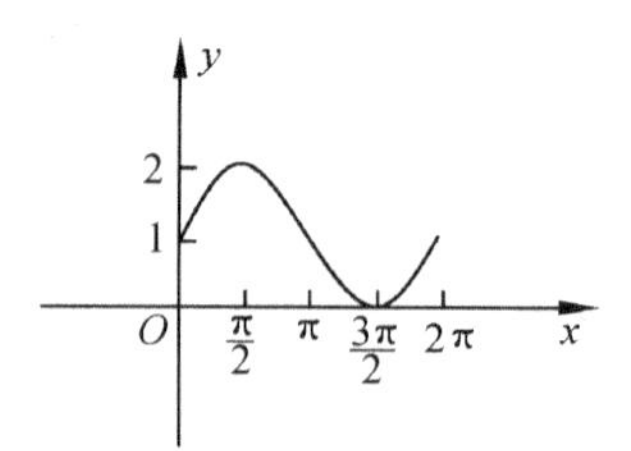

图 5-16

(4) 列表如下：

x	0	$\frac{\pi}{2}$	π	$\frac{3\pi}{2}$	2π
$\cos x$	1	0	-1	0	1
$-\cos x$	-1	0	1	0	-1

函数 $y=-\cos x, x\in[0,2\pi]$的图象为

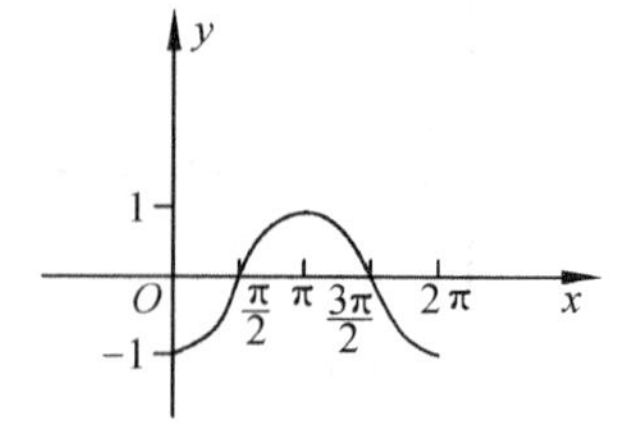

图 5-17

5.5.2 正弦函数、余弦函数的基本性质

正弦函数、余弦函数具有下列基本性质：

(1) 定义域：**R**.

(2) 值域：$[-1,1]$，即$-1\leqslant \sin x\leqslant 1$，$-1\leqslant \cos x\leqslant 1$.

(3) 周期性：2π.

(4) 奇偶性：$y=\sin x$ 为奇函数，图象关于原点对称；$y=\cos x$ 为偶函数，图象关于 y 轴对称.

(5) 增减性：正弦函数在 $\left[-\frac{\pi}{2}+2k\pi,\frac{\pi}{2}+2k\pi\right]$($k\in \mathbf{Z}$) 上都是增函数，在 $\left[\frac{\pi}{2}+2k\pi,\frac{3\pi}{2}+2k\pi\right]$($k\in \mathbf{Z}$) 上都是减函数；

余弦函数在 $[(2k-1)\pi,2k\pi]$($k\in \mathbf{Z}$) 上都是增函数，在 $[2k\pi,(2k+1)\pi]$($k\in \mathbf{Z}$) 上都是减函数.

例 2 求下列函数的最大值：

(1) $y=\cos x+1$，　$x\in \mathbf{R}$；

(2) $y=\sin 2x$，　$x\in \mathbf{R}$.

解 (1) 函数 $y=\cos x$，$x\in \mathbf{R}$ 取得最大值为 1，

因此，函数 $y=\cos x+1$，$x\in \mathbf{R}$ 的最大值是 $1+1=2$.

(2) 令 $z=2x$，$x\in \mathbf{R}$ 等价于 $z\in \mathbf{R}$，函数 $y=\sin z$，$z\in \mathbf{R}$ 取得最大值为 1，

因此，函数 $y=\sin 2x$，$x\in \mathbf{R}$ 的最大值是 1.

练习 5.5

1. 作下列函数的简图：

(1) $y=\sin x-1$，$x\in[0,2\pi]$；　　(2) $y=\cos x+1$，$x\in[0,2\pi]$.

2. 求例 2 中各函数的最小值.

生活中的数学

◆ 把一段半径为 R 的圆木，锯成横截面为矩形的木料，怎样锯才能使横截面积最大？

分析 如图 5-18 所示，设 $\angle CAB=\theta$，则 $AB=2R\cos\theta$，$CB=2R\sin\theta$，矩形 $ABCD$ 的面积为

$$S_{矩形ABCD}=AB\times BC=2R^2\sin2\theta\leqslant2R^2.$$

当且仅当 $\sin2\theta=1$，即 $\theta=\frac{\pi}{4}$ 时，$S_{矩形ABCD}$ 取得最大值，$S_{\max}=2R^2$.

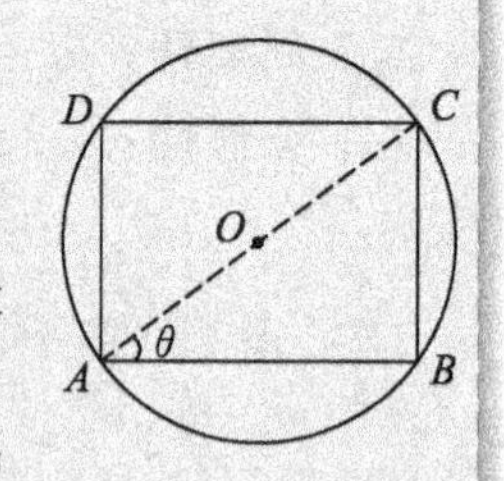

图 5-18

所以在圆木的横截面上截取内接正方形时，才能使横截面积最大(有关公式可以查阅参考书).

◆ 在一住宅小区里，有一块空地，这块空地可能有这样三种情况：

(1) 是半径为 10 m 的半圆；

(2) 是半径为 10 m，圆心角为 60°的扇形；

(3) 是半径为 10 m，圆心角为 120°的扇形.

现要在这块空地里种植一块矩形的草皮，使得其一边在半径上，应如何设计，才能使得此草皮面积最大？并求出面积的最大值.

复习整理

1. 角的概念

(1) 任意角

正角：射线按逆时针方向，绕顶点旋转形成的角.

负角：射线按顺时针方向，绕顶点旋转形成的角.

零角：射线没有做任何旋转时的角.

(2) 始边、终边相同的角的表示

与角 α 的始边、终边重合的角的全体为 $\{\beta|\beta=k\cdot360°+\alpha,0°\leqslant\alpha<360°,k\in\mathbf{Z}\}$.

(3) 象限角和界限角

顶点在直角坐标系的原点，始边与 x 轴正半轴重合，其终边落在某象限的角. 按其终边所落象限不同，分别称为第一象限角、第二象限角、第三象限角、第四象限角；终边落在坐标轴上的角，称为界限角.

2. 度量角的弧度制

1 弧度=长等于半径的弧所对的圆心角.

3. 任意角的三角函数

(1) 任意角的三角函数的定义和定义域

顶点在直角坐标系原点，始边与 x 轴正半轴重合的角 α，在其终边上任取一点 $P(x,y)$，$OP=r$，则三个量 x、y、r 中每两者之比 $\frac{y}{r}$、$\frac{x}{r}$、$\frac{y}{x}$ 分别称为角 α 的正弦、余弦、正切，即

$$\sin\alpha=\frac{y}{r},\qquad \cos\alpha=\frac{x}{r},\qquad \tan\alpha=\frac{y}{x}.$$

(2) 三角函数的符号

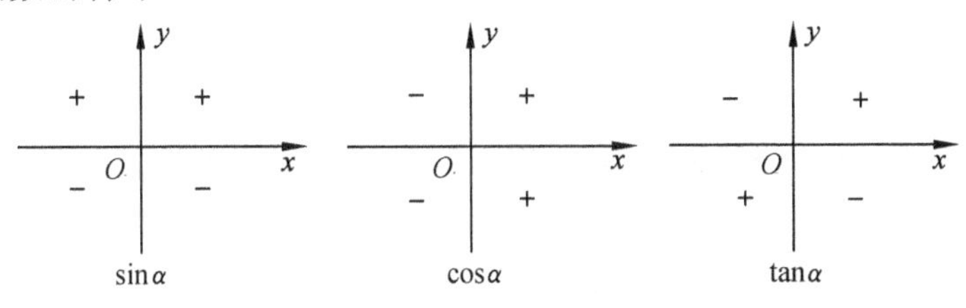

(3) 同角三角函数关系(基本恒等式)

平方关系：$\sin^2\alpha+\cos^2\alpha=1$.

商的关系：$\tan\alpha=\frac{\sin\alpha}{\cos\alpha}$.

4. 三角函数的图象与性质

(1) 三角函数的基本特性

周期性：正弦函数、余弦函数以 2π 为周期，正切函数以 π 为周期.

(2) 三角函数的图象

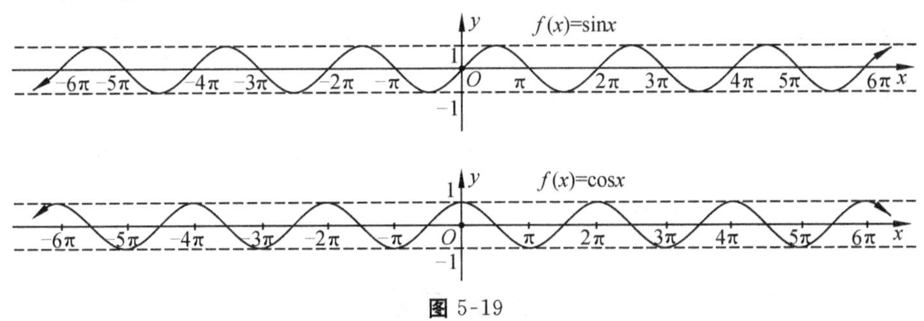

图 5-19

复习题五

1. 画出下列各角：

(1) 45°；　　(2) 270°；

(3) 660°；　　(4) 900°；

(5) −60°；　　(6) −240°；

(7) −420°；　　(8) −630°.

2. 写出与下列各角终边相同的角的集合：

(1) 80°；　　(2) 130°；

(3) −95°.

3. 把下列各角化为弧度(保留 π)：

(1) $420°$；　(2) $750°$；

(3) $-120°$；　(4) $-270°$.

4. 把下列各角化为度：

(1) $\frac{7\pi}{8}$；　(2) $\frac{11\pi}{12}$；

(3) $-\frac{5\pi}{18}$；　(4) $\frac{2\pi}{3}$.

5. 已知点 P 在角 α 的终边上，求角 α 的正弦、余弦、正切值：

(1) $P(\sqrt{3},1)$；　(2) $P(2,-2)$；

(3) $P(-1,-\sqrt{3})$.

6. 根据下列条件求角 α 的其他三角函数值：

(1) $\sin\alpha=-\frac{\sqrt{3}}{2}$，且 α 为第四象限角；

(2) $\cos\alpha=-\frac{\sqrt{3}}{2}$，且 α 为第三象限角；

(3) $\tan\alpha=-3$，且 α 为第二象限角.

7. 利用计算器计算下列各三角函数值(保留 4 个有效数字)：

(1) $\sin(-1352°)$；　(2) $\cos540°14'$；

(3) $\tan652°36'$；　(4) $\sin(-5)$；

(5) $\cos\frac{11\pi}{7}$.

8. 作出函数 $y=\sin x-1$ 在闭区间$[0,2\pi]$上的简图(要求列特征点函数值表).

自测题五

一、填空题

1. (1) $150°=$______ rad；　(2) $-\pi=$______度；

(3) $1°=$______ rad；　(4) $\frac{3\pi}{5}=$______度.

2. 与角$-\frac{\pi}{6}$终边相同的角的集合是__________________.

3. (1) $\sin^2\frac{x}{2}+\cos^2\frac{x}{2}=$__________；　(2) $\cos45°\cdot\tan45°=$__________.

4. 利用计算器求 x 值在主值区间内的值(结果精确到度)：

(1) $\sin x=\frac{\sqrt{2}}{2}$，$x=$__________；　(2) $\tan x=-3$，$x=$__________；

(3) $\cos x=-\frac{1}{2}$, $x=$__________.

5. 比较下列函数值与 0 的大小：

(1) $\sin\left(-\frac{\pi}{4}\right)$______ 0；　　(2) $\cos 250^\circ$______ 0；

(3) $\sin 790^\circ$______ 0；　　(4) $\tan\frac{6\pi}{7}$______ 0.

6. 函数 $y=3\sin x+2$ 的最大值为______，最小值为______.

二、在图上画出下列角

7. -720°.　　8. $\frac{3\pi}{4}$.

O　　A　　　　O　　A

三、计算题

9. 已知点 $P(-4,2)$在角 α 的终边上，求角 α 的正弦、余弦、正切值.

10. 已知 $\cos\alpha=-\frac{\sqrt{3}}{2}$，且 α 为第三象限角，求角 α 的正弦、正切值.

四、用五点法作函数 $y=2\sin x$，$x\in[0,2\pi]$的简图.

x	0	$\frac{\pi}{2}$	π	$\frac{3\pi}{2}$	2π
$y=2\sin x$					

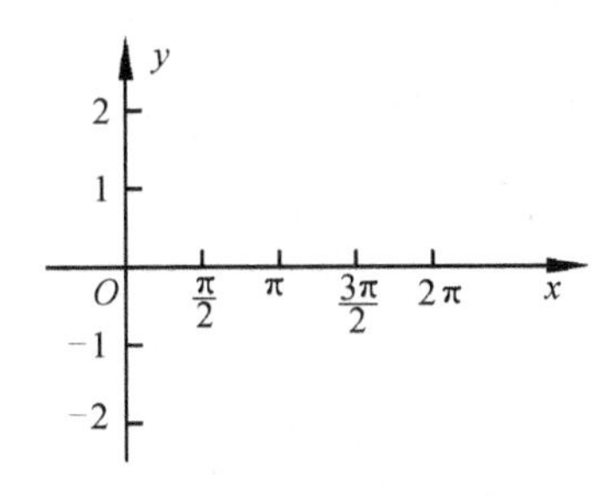

附录一 常用数学公式

1. 数的三个基本运算律

[交换律] $a+b=b+a$　　$ab=ba$

[结合律] $(a+b)+c=a+(b+c)$　　$(ab)c=a(bc)$

[分配律] $(a+b)c=ac+bc$

2. 乘法与因式分解公式

$(x+a)(x+b)=x^2+(a+b)x+ab$

$(a\pm b)^2=a^2\pm 2ab+b^2$

$(a\pm b)^3=a^3\pm 3a^2b+3ab^2\pm b^3$

$a^2-b^2=(a+b)(a-b)$

$a^3\pm b^3=(a\pm b)(a^2\mp ab+b^2)$

$a^n-b^n=(a-b)(a^{n-1}+a^{n-2}b+a^{n-3}b^2+\cdots+b^{n-1})$（$n$ 为整数）

$(a+b+c)^2=a^2+b^2+c^2+2ab+2bc+2ac$

3. 指数运算公式

$a^m\cdot a^n=a^{m+n}$　　$\dfrac{a^m}{a^n}=a^{m-n}$

$(a^m)^n=a^{mn}$　　$(ab)^n=a^n\cdot b^n$

$\left(\dfrac{a}{b}\right)^n=\dfrac{a^n}{b^n}$　　$a^{\frac{m}{n}}=\sqrt[n]{a^m}=(\sqrt[n]{a})^m$

$a^{-m}=\dfrac{1}{a^m}$　　$a^0=1$

4. 对数运算公式

设 $a>0$，且 $a\neq 1$，$x>0$，$y>0$，则

$\log_a 1=0$　　$\log_a a=1$

$\log_a xy=\log_a x+\log_a y$　　$\log_a \dfrac{x}{y}=\log_a x-\log_a y$

$\log_a x^\alpha=\alpha\log_a x$　　$a^{\log_a y}=y$

$\log_a b\cdot\log_b a=1$

换底公式　　$\log_a y=\dfrac{\log_b y}{\log_b a}$

5. 三角函数基本关系与公式

[基本关系]

$\sin^2\alpha+\cos^2\alpha=1$　　$\tan\alpha=\dfrac{\sin\alpha}{\cos\alpha}$　　$\cot\alpha=\dfrac{\cos\alpha}{\sin\alpha}$

[加法公式]

$\sin(\alpha\pm\beta)=\sin\alpha\cos\beta\pm\cos\alpha\sin\beta$

$\cos(\alpha\pm\beta)=\cos\alpha\cos\beta\mp\sin\alpha\sin\beta$

$\tan(\alpha\pm\beta)=\dfrac{\tan\alpha\pm\tan\beta}{1\mp\tan\alpha\cdot\tan\beta}$

$\cot(\alpha\pm\beta)=\dfrac{\cot\alpha\cdot\cot\beta\mp1}{\cot\beta\pm\cot\alpha}$

[和差化积公式]

$\sin\alpha+\sin\beta=2\sin\dfrac{\alpha+\beta}{2}\cos\dfrac{\alpha-\beta}{2}$

$\sin\alpha-\sin\beta=2\cos\dfrac{\alpha+\beta}{2}\sin\dfrac{\alpha-\beta}{2}$

$\cos\alpha+\cos\beta=2\cos\dfrac{\alpha+\beta}{2}\cos\dfrac{\alpha-\beta}{2}$

$\cos\alpha-\cos\beta=-2\sin\dfrac{\alpha+\beta}{2}\sin\dfrac{\alpha-\beta}{2}$

[积化和差公式]

$\sin\alpha\sin\beta=-\dfrac{1}{2}[\cos(\alpha+\beta)-\cos(\alpha-\beta)]$

$\cos\alpha\cos\beta=\dfrac{1}{2}[\cos(\alpha+\beta)+\cos(\alpha-\beta)]$

$\sin\alpha\cos\beta=\dfrac{1}{2}[\sin(\alpha+\beta)+\sin(\alpha-\beta)]$

[倍角公式]

$\sin2\alpha=2\sin\alpha\cos\alpha=\dfrac{2\tan\alpha}{1+\tan^2\alpha}$

$\cos2\alpha=\cos^2\alpha-\sin^2\alpha=2\cos^2\alpha-1=1-2\sin^2\alpha=\dfrac{1-\tan^2\alpha}{1+\tan^2\alpha}$

$\tan2\alpha=\dfrac{2\tan\alpha}{1-\tan^2\alpha}$

$\cot2\alpha=\dfrac{\cot^2\alpha-1}{2\cot\alpha}$

$\sin3\alpha=-4\sin^3\alpha+3\sin\alpha$

$\cos3\alpha=4\cos^3\alpha-3\cos\alpha$

[半角公式]

$\sin\dfrac{\alpha}{2}=\pm\sqrt{\dfrac{1-\cos\alpha}{2}}$

$$\cos\frac{\alpha}{2}=\pm\sqrt{\frac{1+\cos\alpha}{2}}$$

$$\tan\frac{\alpha}{2}=\pm\sqrt{\frac{1-\cos\alpha}{1+\cos\alpha}}=\frac{1-\cos\alpha}{\sin\alpha}=\frac{\sin\alpha}{1+\cos\alpha}$$

$$\cot\frac{\alpha}{2}=\pm\sqrt{\frac{1+\cos\alpha}{1-\cos\alpha}}=\frac{1+\cos\alpha}{\sin\alpha}=\frac{\sin\alpha}{1-\cos\alpha}$$

6. 三角形基本定理

[正弦定理]

$\frac{a}{\sin A}=\frac{b}{\sin B}=\frac{c}{\sin C}=2R$（其中 R 为$\triangle ABC$ 的外接圆半径）

[余弦定理]

$a^2=b^2+c^2-2bc\cos A$

$b^2=c^2+a^2-2ca\cos B$

$c^2=a^2+b^2-2ab\cos C$

[面积公式]

$S=\frac{1}{2}$底×高

$S=\sqrt{p(p-a)(p-b)(p-c)}$，其中 $p=\frac{1}{2}(a+b+c)$（海伦公式）

$S=\frac{1}{2}ab\sin C=\frac{1}{2}bc\sin A=\frac{1}{2}ac\sin B$

附录二

参考答案

第一章 集 合

练习 1.1

1. 略.

2. (1) $\in$； (2) $\notin$； (3) $\notin$； (4) $\in$.

3. 略.

4. 略.

练习 1.2

1. (1) $\in$； (2) $\in$； (3) $\subsetneqq$； (4) $\supsetneqq$.

2. 略.

3. 7.

4. {直角三角形,钝角三角形}.

5. $\varnothing$， $\{1\}$， $\{2\}$， $\{3\}$， $\{1,2\}$， $\{1,3\}$， $\{2,3\}$， $\{1,2,3\}$.

练习 1.3

1. (1) $\{2,4\}$； (2) $\{x\mid -4<x\leqslant -1\}$； (3) $\varnothing$.

2. (1) $\{-2,1,2,4,7\}$； (2) $\mathbf{R}$； (3) $\{x\mid x\leqslant -1$ 或 $x>2\}$.

3. $\{x\mid x$ 是锐角三角形或钝角三角形$\}$.

4. $\{x\mid 1<x<2\}$.

练习 1.4

1. 略.

2. (1) $\Rightarrow$； (2) $\Leftarrow$； (3) $\Rightarrow$； (4) $\Rightarrow$； (5) $\Leftrightarrow$； (6) $\Leftrightarrow$.

3. (1) p 是 q 的必要条件； (2) p 是 q 的充分条件； (3) p 是 q 的充分条件； (4) p 是 q 的必要条件.

复习题一

一、选择题

1. D. **2.** C. **3.** C. **4.** C. **5.** C. **6.** D.

二、填空题

7. $\{1,2\}$.

8. $\{x|4<x<6\}$ $\mathbf{R}$

9. $\{-2,-1,2,3\}$

10. 充分必要

三、解答题

11. (1) $\{1,-1\}$;

(2) $\{(0,3),(1,2),(2,1),(3,0)\}$.

12. (1) {大于 0 小于 8 的奇数}; (2) $\left\{x\,\middle|\,x=\frac{1}{n},n\in\mathbf{N}^*\right\}$.

13. 由方程 $2x^2-5x-3=0$ 得 $x_1=3,x_2=-\frac{1}{2}$，又因为 $mx=1$，若 $m\neq0$，得 $x=\frac{1}{m}$. 当 $\frac{1}{m}=3$ 时，$m=\frac{1}{3}$；当 $\frac{1}{m}=-\frac{1}{2}$ 时，$m=-2$. 若 $m=0$，得 $N=\varnothing$，亦满足 $N\subsetneqq M$. 所以 $m=\frac{1}{3}$ 或 $m=-2$ 或 $m=0$.

14. 既不充分又不必要条件.

自测题一

一、选择题

1. C. **2.** D. **3.** B. **4.** D. **5.** D.

二、填空题

6. (1) $\in$; (2) $\notin$; (3) $\in$; (4) $\notin$; (5) $\subset$; (6) $\supset$; (7) $=$; (8) $\subset$.

7. $\varnothing$; $\{-3,-1,5,7\}$.

8. $\{x|x\geqslant40,x\in\mathbf{N}\}$.

9. $\{1,4\}$.

10. (1) $\{2\}$; (2) $\{1,2,4,8\}$.

11. $\nRightarrow,\Leftarrow,\Leftarrow$.

三、解答题

12. (1) $\{1,2,3,5,6,10,15,30\}$; (2) $\{(1,1)(1,2),(1,3),(2,1),(2,2),(2,3)\}$.

13. (1) $\{x|x=3n+2,n\in\mathbf{Z}\}$; (2) $\{(x,y)\mid x>0,y>0\}$.

14. $\varnothing,\{1\},\{2\},\{3\},\{1,2\},\{1,3\},\{2,3\},\{1,2,3\}$.

15. $-4,2$

16. (1) 充分条件. (2) 必要条件. (3) 充要条件.

第二章　不等式

练习 2.1

1. (1) $>$； (2) $>$； (3) $>$； (4) $<$； (5) $<$； (6) $>$.

2. (1) $x-2>-5$； (2) $x+9\leqslant 2x-1$； (3) $x+14>-18$； (4) $x+2<2x+\frac{2}{3}$；

(5) $x-6\leqslant 18$； (6) $-x-2>2x-\frac{2}{3}$.

3. (1) 因为$\frac{5}{6}-\frac{6}{7}=\frac{35-36}{42}=-\frac{1}{42}<0$,所以$\frac{5}{6}<\frac{6}{7}$；

(2) 因为 $13.3-13\frac{1}{3}=0.3-\frac{1}{3}=\frac{3}{10}-\frac{1}{3}=\frac{9-10}{30}=-\frac{1}{30}<0$,所以 $13.3<13\frac{1}{3}$.

4. (1) 因为$(a+1)^2-(2a+1)=a^2\geqslant 0$,所以$(a+1)^2\geqslant 2a+1$；

(2) 因为$(x+5)(x+7)-(x+6)^2=-1<0$,所以$(x+5)(x+7)<(x+6)^2$.

练习 2.2

1. (1) $\{x|x<-1\}$； (2) $\{x|x\leqslant 0\}$； (3) $\{x|x>10\}$； (4) $\{x|x\geqslant -2\}$；

(5) $\{x|-1\leqslant x<2\}$； (6) $\{x|3<x\leqslant 5\}$.

(作图略)

2. (1) $[-3,2]$； (2) $[-3,2)$； (3) $[0,+\infty)$； (4) $(-\infty,0)$.

3. (1) $A\cap B=[-1,5]$； (2) $A\cup B=[-3,7]$.

练习 2.3

1. (1) $\left\{x\middle|x>\frac{1}{2}\right\}$； (2) $\{x|x<2\}$； (3) $\{x|x>-5\}$； (4) $\{x|x<10\}$.

2. (1) $\{x|x<4\}$； (2) $\{x|x\geqslant 7\}$； (3) $\{x|x\leqslant 4\}$； (4) $\left\{x\middle|x<\frac{3}{2}\right\}$；

(5) $\{x|x<-2\}$； (6) $\{x|x\leqslant 2\}$； (7) $\{x|x>1\}$； (8) $\left\{x\middle|\geqslant -\frac{95}{6}\right\}$.

3. (1) $\{x|-4<x\leqslant 5\}$； (2) $\{x|-4<x<1\}$.

4. (1) $(-3,3)$； (2) $[-3,7]$； (3) $(-\infty,-2]\cup[-1,+\infty)$；

(4) $(-\infty,-1]\cup[5,+\infty)$.

5. (1) $(-\infty,-2)\cup(3,+\infty)$； (2) $(-1,2)$； (3) $[0,1]$； (4) $(-\infty,-1)\cup(3,+\infty)$； (5) $(-\infty,-3)\cup(3,+\infty)$； (6) $(-\infty,1)\cup(2,3)$.

生活中的数学

1. C.

2. 设导火线的长度为 x cm,那么由题意可得

$$\frac{x}{100\times 0.02}>\frac{10}{4},$$

解得　$x>5$,

所以,导火线的长度应大于 5 cm.

3. (1) 由题意可得 $\left(\frac{l}{4}\right)^2\leqslant 25$,

即 $\frac{l^2}{16}\leqslant 25$,解得 $l\leqslant 20$,

因为正方形的边长为正数,所以绳长应满足的关系式为 $0<l\leqslant 20$.

(2) 设圆的半径为 r,由题意可得 $2\pi r=l$,所以 $r=\frac{l}{2\pi}$.

由于圆面积不小于 100 cm^2,得 $\pi r^2\geqslant 100$,即

$$\pi\left(\frac{l}{2\pi}\right)^2\geqslant 100,$$

解得 $l^2\geqslant 400\pi$,

所以,绳长 l 应满足的关系式为 $l^2\geqslant 400\pi$.

(3) 圆的面积大.

(4)、(5)略.

复习题二

1. (1) 因为$\frac{5}{8}-\frac{4}{7}=\frac{35-32}{56}=\frac{3}{56}>0$,所以$\frac{5}{8}>\frac{4}{7}$;

(2) 因为 $15.3-15\frac{1}{3}=0.3-\frac{1}{3}=\frac{3}{10}-\frac{1}{3}=\frac{9-10}{30}=-\frac{1}{30}<0$,所以 $15.3<15\frac{1}{3}$;

(3) 因为$(3a-1)-(2a+1)=a-2>0(a>3)$,所以 $3a-1>2a+1$;

(4) 因为$(x+3)(x-1)-x(x+2)=-3<0$,所以$(x+3)(x-1)<x(x+2)$.

2. (1) $[-3,2]$; (2) $(-4,3)$; (3) $[-1,2)$; (4) $(2,3]$; (5) $(-3,+\infty)$; (6) $(-\infty,5]$. 用数轴表示略.

3. (1) $\{x\mid -1<x<7\}$; (2) $\left\{x\,\middle|\,\frac{5}{3}<x\leqslant 4\right\}$.

4. (1) $(-\infty,-2)\cup(2,+\infty)$; (2) $(-\infty,-9]\cup[1,+\infty)$; (3) $[1,2]$; (4) $(-\infty,-6]\cup[2,+\infty)$.

5. (1) $\left(-\infty,\frac{1}{3}\right)\cup(2,+\infty)$; (2) $\left(-2,\frac{3}{2}\right)$; (3) $(-\infty,-\sqrt{5})\cup(\sqrt{5},+\infty)$; (4) $[0,1]$.

自测题二

一、选择题

1. C. **2.** B. **3.** C. **4.** B.

二、填空题

5. (1) $>$; (2) $\leqslant$; (3) $>$; (4) $<$.

6. $\varnothing$. 不等式 $x^2-8x+16<0$ 可化为$(x-4)^2<0$,而$(x-4)^2\geqslant 0$,所以原不等式的解集为$\varnothing$.

7. $(-2,2)$. 不等式$|3x|\leqslant 6$等价于$-6\leqslant 3x\leqslant 6$,即$-2\leqslant x\leqslant 2$,所以不等式$|3x|\leqslant 6$的解集为$(-2,2)$.

8. $\{x|x\leqslant 3\}$.

三、解答题

9. (1) 不等式$(4-3x)(2x-1)\leqslant 0$可化为$(3x-4)(2x-1)\geqslant 0$,

方程$(3x-4)(2x-1)=0$的零点$\frac{1}{2}$,$\frac{4}{3}$把数轴分为三个区间

$$\left(-\infty,\frac{1}{2}\right),\left(\frac{1}{2},\frac{4}{3}\right),\left(\frac{4}{3},+\infty\right),$$

$--$ $\frac{1}{2}$ $+-$ $\frac{4}{3}$ $++$

所以原不等式的解集为$\left(-\infty,\frac{1}{2}\right]\cup\left[\frac{4}{3},+\infty\right]$.

(2) 不等式$x^2-2x+1<0$可化为$(x-1)^2<0$,因为$(x-1)^2\geqslant 0$,所以原不等式的解集为$\varnothing$.

(3) 不等式$x^2-6x+9\geqslant 0$可化为$(x-3)^2\geqslant 0$,因为$(x-3)^2\geqslant 0$对任意实数恒成立,所以原不等式的解集为$\mathbf{R}$.

(4) 不等式$x^2-2x+2<0$可化为$(x-1)^2+1<0$,因为$(x-1)^2+1>0$对任意实数恒成立,所以原不等式的解集为$\varnothing$.

第三章　函　数

练习 3.1

1. 略.

2. 分别把$x=0,2,5$代入$f(x)=2x-3$得到$f(0)=-3$,$f(2)=1$,$f(5)=7$.

3. 分别把$x=2,-1,\frac{1}{2}$代入原解析式,得到$f(2)=13$,$f(-1)=-2$,$f\left(\frac{1}{2}\right)=1$.

4. 解析法:$y=200x(0\leqslant x\leqslant 12,x\in\mathbf{N})$.

列表法:略.

图象法:略.

5. (1) $\left\{x\middle|x\in\mathbf{R}\text{ 且 }x\neq-\frac{3}{2}\right\}$; (2) $\left\{x\middle|x\geqslant\frac{5}{2}\right\}$; (3) $\left\{x\middle|x\geqslant -4\text{ 且 }x\neq 1\right\}$;

(4) $\left\{x\middle|x\geqslant\frac{4}{3}\right\}$.

6. 出租车费d与路程数x之间的函数为

$$d=\begin{cases}7, & 0<x\leqslant 3,\\ 1.2x+3.4, & 3<x\leqslant 5,\\ 1.8x+0.4, & x>5.\end{cases}$$

图象为

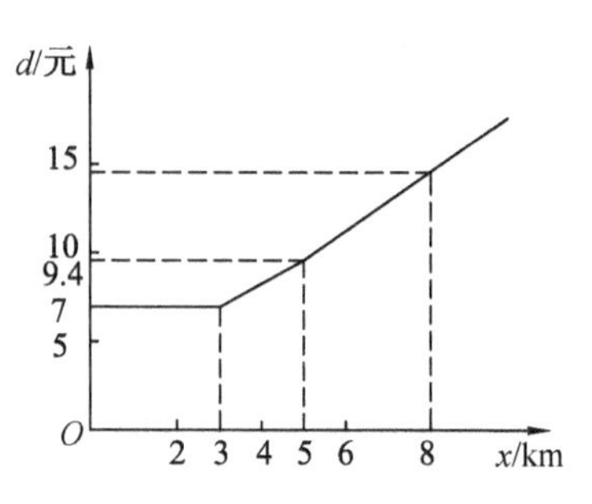

7. $f(-2)=-1, f(0)=1, f(1.5)=1, f(3)=2$.

8. $y=\begin{cases}1.6x, & 0\leqslant x\leqslant 10,\\ 2.8x-12, & x>10.\end{cases}$

练习 3.2

1. (1) $\left[0,\dfrac{\pi}{2}\right]$和$\left[\pi,\dfrac{3\pi}{2}\right]$为单调减小区间，$\left[\dfrac{\pi}{2},\pi\right]$和$\left[\dfrac{3\pi}{2},2\pi\right]$为单调增加区间；

(2) $[-2,-1]$和$[0,1]$为单调增加区间，$[-1,0]$和$[1,3]$为单调减小区间；

(3) $(-2,-1)$，$[-1,0]$和$[2,3)$是单调减小区间，$[0,1]$和$(1,2]$是单调增加区间.

2. (1) $(-\infty,0)$和$(0,+\infty)$为单调减小区间；

(2) $(-\infty,0)$为单调增加区间，$(0,+\infty)$单调减小区间.

3. 略.

4. (1) 偶函数；(2) 奇函数；(3) 奇函数；(4) 奇函数；(5) 偶函数；(6) 偶函数.

练习 3.3

1. (1)

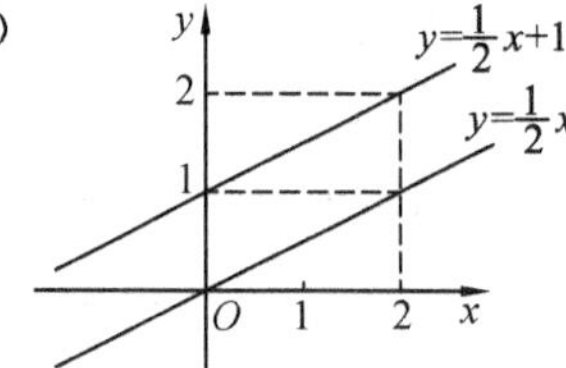

性质略.

(2)

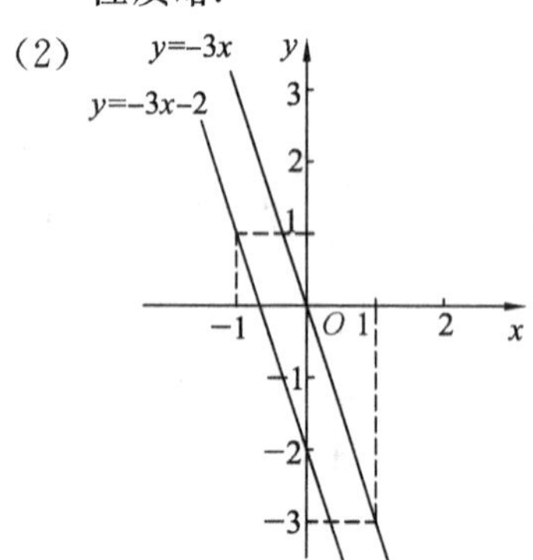

性质略.

3.

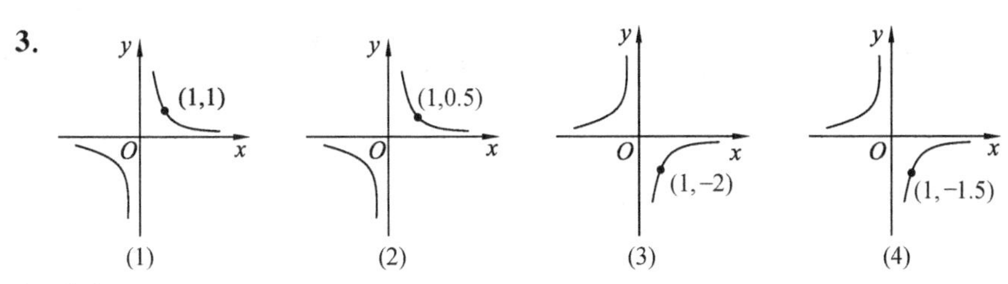

性质略.

4.

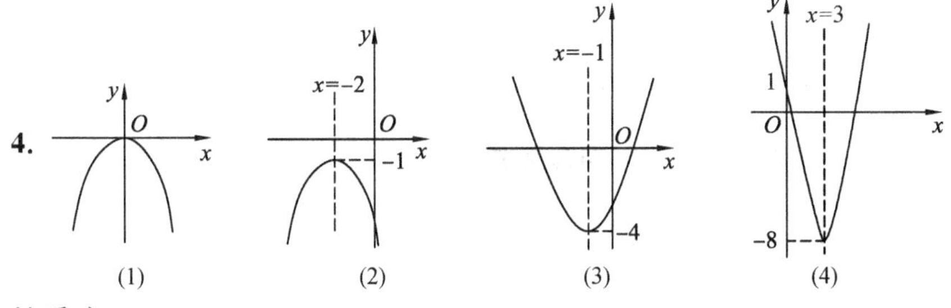

性质略.

练习 3.4

1. $S=a^2$.

2. $A=10\alpha$.

3. 设每间房租金为 x 元,则租出房间数为$\left(300-\dfrac{x-20}{2}\times 10\right)$,所以

$y=\left(300-\dfrac{x-20}{2}\times 10\right)x=-5x^2+400x$.

4. 略.

5. 设运动员乙速度要提高 x m/s,则$\dfrac{300}{6}=\dfrac{340}{5.8+x}$,$x=1$,所以运动员乙速度要提高 1 m/s,才能在到达终点时赶上甲.

复习题三

1. (1),(2)是一次函数, (1)是正比例函数.

2. 略.

3. $(-6,0)$,$(0,4)$.

4. (1) 减小; (2) 减小.

5. 由$\begin{cases}3=k+b,\\1=-k+b,\end{cases}$得到$\begin{cases}k=1,\\b=2,\end{cases}$所以 $k^b=1$.

6. 由$\begin{cases}-2=-3k+b,\\6=k+b,\end{cases}$得到$\begin{cases}k=2,\\b=4,\end{cases}$所以 $y=2x+4$.

7. 由$\begin{cases}0=2k+b,\\2=0\cdot k+b,\end{cases}$得到$\begin{cases}k=-1,\\b=2,\end{cases}$所以 $y=-x+2$,把 $y=3$ 代入得到 $m=-1$.

8. 设所求直线为 $y=kx+b$,因为 B 是直线 $y=-\dfrac{1}{2}x+3$ 与 y 轴交点,所以由

$-\frac{1}{2}\cdot 0+3=y$得到$B(0,3)$．又因为 B 过所求直线，所以$\begin{cases}b=3,\\-1=2k+b,\end{cases}$得 $k=-2$，所以 $y=-2x+3$.

9. (1) 设 $y+3=k(x+2)$且 $x=3$ 时，$y=7$，得到 $k=2$，整理得到 $y=2x+1$；

(2) -1； (3) $-\frac{1}{2}$.

10. (1) $y=\begin{cases}0.6x, & 0<x\leqslant 6,\\x-2.4, & x>6;\end{cases}$ (2) 4.6 元.

11. (1) 2，6； (2) 3； (3) $y=3x$； (4) $y=-x+8$； (5) 1h～5h

自测题三

一、填空题

1. 由$\begin{cases}3-m\neq 0,\\m^2-8=1,\end{cases}$得到 $m=-3$.

2. $k<0$.

3. $y=t-0.6$ ($t\geqslant 3$，t 是整数).

4. 0.72，0.9.

5. 10，$2n+2$.

二、选择题

6. B. **7.** A. **8.** D. **9.** B.

三、解答题

10. 设所求一次函数为 $y=kx+b$，由题意$\begin{cases}3k+b=5,\\-4k+b=-9,\end{cases}$得到 $k=2$，$b=-1$，所以 $y=2x-1$. 把 $y=2$ 代入上式得到 $a=\frac{3}{2}$.

11. (1) $x=-3$； (2) $x>-3$； (3) $-\frac{7}{2}\leqslant x\leqslant -\frac{3}{2}$.

12. (1) 3 小时，30 km；

(2) 10 点半，半小时；

(3) 由 $C(11,15)$，$D(12,30)$得到从 C 到 D 的时间与距离关系式为 $y=15x-150$. 又 $15x-150=21$，得 $x=11\frac{2}{5}$，所以得到小强在 11:24 时距家 21 km.

同理，由 $E(13,30)$，$F(15,0)$得到从 E 到 F 的时间与距离关系式为

$$y=-15x+225,$$

由 $-15x+225=21$ 得 $x=13\frac{3}{5}$，所以得到小强在 13:36 时也距家 21 km.

第四章　指数函数与对数函数

练习 4.1

1. (1) 4； (2) 10； (3) 64； (4) $\frac{27}{8}$； (5) $\frac{1}{2}$； (6) $\frac{125}{8}$.

2. (1) $x^{\frac{2}{3}}$； (2) $a^{-\frac{1}{3}}$； (3) $m^{\frac{5}{2}}$； (4) $a^{\frac{3}{4}}$； (5) $(a+b)^{\frac{3}{4}}$； (6) $(m^2+n^2)^{\frac{1}{3}}$；

(7) $\frac{x^{\frac{1}{2}}}{y^{\frac{2}{3}}}$.

3. (1) $a^{\frac{29}{24}}$； (2) $a^{\frac{2}{3}}$； (3) x^3y^2.

4. (1) $2^{\frac{15}{8}}$； (2) $3^{\frac{5}{2}}$； (3) $\frac{4}{25}$； (4) $\sqrt[6]{\frac{3^5x^4}{y}}$或$\frac{3^{\frac{5}{6}}x^{\frac{2}{3}}}{y^{\frac{1}{6}}}$.

5. 略.

练习 4.2

1. (1) 定义域 $x\in\mathbf{R}$,值域 $\mathbf{R}$； (2) 定义域$\{x|x\neq0\}$,值域$(0,+\infty)$；

(3) 定义域$[0,+\infty)$,值域$[0,+\infty)$； (4) 定义域 $\mathbf{R}$,值域$[0,+\infty)$；

(5) 定义域$(0,+\infty)$,值域$(0,+\infty)$； (6) 定义域 $\mathbf{R}$,值域$(0,+\infty)$.

练习 4.3

1. 只有(1)和(4)是指数函数.

2. $y=2^x(x\in\mathbf{N}^*)$.

3. $y=\left(\frac{1}{2}\right)^x(x\in\mathbf{N}^*)$.

4. 图略(其中 $y=3^x$ 是增函数,$y=\left(\frac{1}{3}\right)^x$ 是减函数).

5. (1) 一年后人口数为 $13\times10^8\times(1+0.1\%)$,

二年后人口数为 $13\times10^8\times(1+0.1\%)^2$,

三年后人口数为 $13\times10^8\times(1+0.1\%)^3$；

(2) $y=13\times10^8\times(1+0.1\%)^x$；

(3) $x\in\mathbf{N}^*$；

(4) 是增函数,实际意义略.

练习 4.4

1. (1) $\log_2 8=3$； (2) $\log_4\frac{1}{64}=-3$； (3) $\log_{7.6}1=0$； (4) $\log_4 2=\frac{1}{2}$.

2. (1) $3^2=9$； (2) $2^{-3}=\frac{1}{8}$； (3) $\left(\frac{1}{3}\right)^{-2}=9$； (4) $\left(\frac{1}{10}\right)^{-3}=1000$.

3. (1) 8； (2) 9； (3) 5； (4)7.

4. (1) 2； (2) −3； (3) 3； (4) −4； (5) 3； (6) −2； (7) 1； (8) 0；

(9) 4； (10) −2； (11) −5； (12)6.

5. (1) 0.301； (2) 0.477； (3) 2.699； (4) −1.222； (5) 0.693； (6) 3.401.

6. 因为左边$=\log_a b=\dfrac{\log_b b}{\log_b a}=$右边，所以等式成立.

7. (1) 3.322； (2) 0.861； (3) 1.

练习 4.5

1. (1) -0.2589； (2) 0.4407； (3) -0.7702； (4) 2.799； (5) -0.4226； (6) 0.6594； (7) -13.95.

2. (1) 2； (2) 0.

练习 4.6

1. 图略.相同点：定义域为$(0,+\infty)$,值域为 $\mathbf{R}$,都过点$(0,1)$.
   不同点：在 $y=\log_3 x$ 在$(0,+\infty)$上是增函数,$y=\log_{\frac{1}{3}} x$ 在$(0,+\infty)$上是减函数.

2. (1) $(-\infty,1)$； (2) $(0,1)\cup(1,+\infty)$.

3. (1) $\log_{0.3}0.7<\log_{0.4}0.3$；
   (2) $\log_{0.3}0.1>\log_{0.2}0.1$.

复习题四

1. 只有(1)和(2)是指数函数.

2. C.

3. $y=10000(1+p\%)^x$ ($x\in\mathbf{N}^*$ 且 $x\leqslant m$)

4. (1) $y=10000\times(1+5\%)^x$ ($x\in\mathbf{N}^*$)；
   (2) $y=10000\times(1+5\%)^5$；
   (3) 6 年后,森林面积可达 1300 hm^2.

5. $y=a\times(1-p\%)^x$ ($x\in\mathbf{N}^*$ 且 $x\leqslant m$).

6. (1) $\mathbf{R}$； (2) $(-\infty,0)\cup(2,+\infty)$； (3) $(-\infty,0)\cup(4,+\infty)$.

自测题四

一、判断题

1. √. 2. ×. 3. ×.

二、填空题

4. $(0,1)$,增函数.

5. $(1,0)$,减函数.

6. (1) 4； (2) $\frac{1}{2}$； (3) $\frac{1}{2}$； (4) 1.

7. (1) $\left(\frac{1}{3}\right)^2=\frac{1}{9}$； (2) $\left(\frac{1}{4}\right)^{-\frac{3}{2}}=8$； (3) $\log_{125}5=\frac{1}{3}$； (4) $\log_{32}\frac{1}{2}=-\frac{1}{5}$.

三、选择题

8. C. 9. C.

四、计算题

10. (1) 6； (2) $\frac{7}{3}$； (3) 0.6990； (4) $\frac{1}{a+b}$.

五、应用题

11. 至少要抽 8 次.

12. (1) $y=a(1+r)^x(x\in\mathbf{N}^*)$；

(2) 5 期后的本金和利息共为 1131.41 元；

(3) 存入 29 期后本金与利息的和为存入时的 2 倍.

第五章　三角函数

练习 5.1

1. (1) 锐角是第一象限的角； (2) 第一象限的角不一定是锐角.

2. (1) $420°=360°+60°$是第一象限角；

(2) $-150°=-360°+210°$是第三象限角；

(3) $510°=360°+150°$是第二象限角；

(4) $-390°=-720°+330°$是第四象限角.

3. (1) $550°=360°+190°$是第三象限角；

(2) $-1998°=-6\times360°+162°$是第二象限角.

4. (1) 与 75°角终边相同的角的集合为$\{\alpha|\alpha=75°+k\cdot360°,k\in\mathbf{Z}\}$；

(2) 与$-30°$角终边相同的角的集合为$\{\alpha|\alpha=-30°+k\cdot360°,k\in\mathbf{Z}\}$；

(3) 与$-132°$角终边相同的角的集合为$\{\alpha|\alpha=-132°+k\cdot360°,k\in\mathbf{Z}\}$.

5. (1) $60°=60\times\frac{\pi}{180}=\frac{\pi}{3}$；

(2) $90°=90\times\frac{\pi}{180}=\frac{\pi}{2}$；

(3) $120°=120\times\frac{\pi}{180}=\frac{2\pi}{3}$；

(4) $-90°=-90\times\frac{\pi}{180}=-\frac{\pi}{2}$；

(5) $-180°=-180°\times\frac{\pi}{180}=-\pi$；

(6) $-270°=-270\times\frac{\pi}{180}=-\frac{3\pi}{2}$.

6. (1) $\frac{3\pi}{4}=-\frac{3}{4}\times180°=135°$；

(2) $-\frac{2\pi}{3}=-\frac{2}{3}\times180°=-120°$；

(3) $\frac{\pi}{2}=\frac{1}{2}\times180°=90°$；

(4) $\frac{\pi}{3}=\frac{1}{3}\times180°=60°$；

(5) $\pi=180°$；

(6) $-\frac{3\pi}{2}=-\frac{3}{2}\times180°=-270°$.

7. (1) $3=3\times\frac{180°}{\pi}=171.9°$；

(2) $8=8\times\frac{180°}{\pi}=458.4°$；

(3) $-83°=-83\times\frac{\pi}{180}=-1.449$；

(4) $368°=368\times\frac{\pi}{180}=6.423$.

8. 1m，1.5m.

练习 5.2

1. $r=\sqrt{(-2)^2+1^2}=\sqrt{5}$，所以

$\sin\alpha=\frac{y}{r}=\frac{1}{\sqrt{5}}=\frac{\sqrt{5}}{5}$，

$\cos\alpha=\frac{x}{r}=\frac{-2}{\sqrt{5}}=-\frac{2\sqrt{5}}{5}$，

$\tan\alpha=\frac{y}{x}=\frac{1}{-2}=-\frac{1}{2}$.

2. (1) 在$\frac{3}{2}\pi$角的终边上任取一点 $P(0,y)$，则 $x=0$，$r=-y$.

所以 $\sin\frac{3}{2}\pi=-1$，$\cos\frac{3}{2}\pi=0$，$\tan\frac{3}{2}\pi$ 不存在.

(2) 在 2π 角的终边上任取一点 $P(x,0)$，则 $y=0$，$r=x$.

所以 $\sin2\pi=0$，$\cos2\pi=1$，$\tan2\pi=0$.

3. (1) 若 $\sin\alpha>0$，则 α 是第一或第二象限的角，或者其终边在 y 轴的正半轴上；

若 $\sin\alpha<0$，则 α 是第三或第四象限的角，或者其终边在 y 轴的负半轴上.

(2) 若 $\cos\alpha>0$，则 α 是第一或第四象限的角，或者其终边在 x 轴的正半轴上；

若 $\cos\alpha<0$，则 α 是第二或第三象限的角，或者其终边在 x 轴的负半轴上.

(3) 若 $\tan\alpha>0$，则 α 是第一或第三象限的角；

若 $\tan\alpha<0$，则 α 是第二或第四象限的角.

(4) 若 $\cot\alpha>0$，则 α 是第一或第三象限的角；

若 $\cot\alpha<0$，则 α 是第二或第四象限的角.

4. (1) 因为$\frac{3\pi}{5}$为第二象限角，所以 $\cos\frac{3\pi}{5}<0$；

(2) 因为$-\frac{11\pi}{4}=-4\pi+\frac{5\pi}{4}$为第三象限角，所以 $\tan\left(-\frac{11\pi}{4}\right)>0$；

(3) 因为$-\frac{6\pi}{5}=-2\pi+\frac{4\pi}{5}$为第二象限角，所以 $\sin\left(-\frac{6\pi}{5}\right)>0$；

(4) 因为$\frac{11\pi}{6}=2\pi-\frac{\pi}{6}$为第四象限角，所以 $\sin\left(\frac{11\pi}{6}\right)<0$.

5. (1) 因为 $\sin\alpha>0$，所以 α 为第一或第二象限角，或者其终边在 y 轴的正半轴上.
又 $\tan\alpha<0$，故 α 为第二或第四象限角；
因此符合条件 $\sin\alpha>0$ 且 $\tan\alpha<0$ 的 α 是第二象限角；
(2) 因为 $\cos\alpha>0$，所以 α 为第一或第四象限角，或者其终边在 x 轴的正半轴上.
又 $\tan\alpha<0$，故 α 为第二或第四象限角，
因此符合条件 $\cos\alpha>0$ 且 $\tan\alpha<0$ 的是第四象限角.

6. 略.

7. (1) $60.17°$；(2) $154.4°$；(3) $-45°$；(4) $120°$；(5) $73.68°$.

练习 5.3

1. 因为 θ 为第三象限角，所以

$$\sin\theta=-\sqrt{1-\cos^2\theta}=-\sqrt{1-\left(\frac{4}{5}\right)^2}=-\frac{3}{5},$$

因此
$$\tan\theta=\frac{\sin\theta}{\cos\theta}=\frac{-\frac{3}{5}}{-\frac{4}{5}}=\frac{3}{4}.$$

2. 因为 θ 为第四象限角，所以

$$\cos\theta=\sqrt{1-\sin^2\theta}=\sqrt{1-\left(-\frac{\sqrt{2}}{2}\right)^2}=\frac{\sqrt{2}}{2},$$

因此
$$\tan\theta=\frac{\sin\theta}{\cos\theta}=\frac{-\frac{\sqrt{2}}{2}}{\frac{\sqrt{2}}{2}}=-1.$$

练习 5.4

1. (1) $\sin\left(-\frac{\pi}{4}\right)=-\sin\frac{\pi}{4}=-\frac{\sqrt{2}}{2}$；

(2) $\cos(-30°)=\cos30°=-\frac{\sqrt{3}}{2}$；

(3) $\sin(-750°)=-\sin(2\times360°+30°)=-\sin30°=-\frac{1}{2}$；

(4) $\tan\frac{4\pi}{3}=\tan\left(\pi+\frac{\pi}{3}\right)=\tan\frac{\pi}{3}=\sqrt{3}$.

2. (1) 原式$=\frac{-\sin(\pi-\alpha)}{\cos(\pi-\alpha)}\times\cos\left(\frac{\pi}{2}-\alpha\right)\times\cos\alpha$

$$=\frac{-\sin\alpha}{-\cos\alpha}\times\sin\alpha\times\cos\alpha$$

$=\sin^2\alpha$;

(2) 原式 $=\dfrac{\cos\alpha\times\tan(-\alpha)}{\cos(-\alpha)\times(-\sin\alpha)}$

$=\dfrac{\cos\alpha\times(-\tan\alpha)}{\cos\alpha\times(-\sin\alpha)}=\dfrac{\sin\alpha}{\cos\alpha}\times\dfrac{1}{\sin\alpha}$

$=\dfrac{1}{\cos\alpha}$.

练习 5.5

1. 略.

2. (1) 函数 $y=\cos x, x\in\mathbf{R}$ 取得的最小值为 -1,因此 $y=\cos x+1$ 取得的最小值为 $-1+1=0$.

(2) 函数 $y=\sin 2x, x\in\mathbf{R}$ 时取得的最小值为 -1.

复习题五

1. 略.

2. (1) $\{\alpha\mid\alpha=80°+k\cdot 360°, k\in\mathbf{Z}\}$;

(2) $\{\alpha\mid\alpha=130°+k\cdot 360°, k\in\mathbf{Z}\}$;

(3) $\{\alpha\mid\alpha=-95°+k\cdot 360°, k\in\mathbf{Z}\}$.

3. (1) $420°=420\times\dfrac{\pi}{180}=\dfrac{7\pi}{3}$;

(2) $750°=750\times\dfrac{\pi}{180}=\dfrac{25\pi}{6}$;

(3) $-120°=-120\times\dfrac{\pi}{180}=-\dfrac{2\pi}{3}$;

(4) $-270°=-270\times\dfrac{\pi}{180}=-\dfrac{3\pi}{2}$.

4. (1) $\dfrac{7\pi}{8}=\dfrac{7}{8}\times180°=\dfrac{315°}{2}$;

(2) $\dfrac{11\pi}{12}=\dfrac{11}{12}\times180°=165°$;

(3) $-\dfrac{5\pi}{18}=-\dfrac{5}{18}\times180°=-50°$;

(4) $\dfrac{2\pi}{3}=\dfrac{2}{3}\times180°=120°$.

5. (1) 由条件可知 $x=\sqrt{3}, y=1$,则 $r=\sqrt{(\sqrt{3})^2+1^2}=2$,所以

$\sin\alpha=\dfrac{y}{r}=\dfrac{1}{2}$,

$\cos\alpha=\dfrac{x}{r}=\dfrac{\sqrt{3}}{2}$,

$\tan\alpha=\dfrac{y}{x}=\dfrac{\sqrt{3}}{3}$.

(2) 由条件可知 $x=2, y=-2$,则 $r=\sqrt{2^2+(-2)^2}=2\sqrt{2}$,所以

$\sin\alpha=\frac{y}{r}=\frac{-2}{2\sqrt{2}}=-\frac{\sqrt{2}}{2}$,

$\cos\alpha=\frac{x}{r}=\frac{2}{2\sqrt{2}}=\frac{\sqrt{2}}{2}$,

$\tan\alpha=\frac{y}{x}=\frac{-2}{2}=-1$.

(3) 由条件可知 $x=-1, y=-\sqrt{3}, r=\sqrt{x^2+y^2}=\sqrt{(-1)^2+(-\sqrt{3})^2}=2$,所以

$\sin\alpha=\frac{y}{r}=\frac{-\sqrt{3}}{2}$,

$\cos\alpha=\frac{x}{y}=\frac{-1}{2}$,

$\tan\alpha=\frac{y}{x}=\frac{-\sqrt{3}}{-1}=\sqrt{3}$.

6. (1) 因为 α 为第四象限角,所以

$\cos\alpha=\sqrt{1-\sin^2\alpha}=\sqrt{1-\frac{3}{4}}=\frac{1}{2}$,

$\tan\alpha=\frac{\sin\alpha}{\cos\alpha}=\frac{-\frac{\sqrt{3}}{2}}{\frac{1}{2}}=-\sqrt{3}$.

(2) 因为 α 为第三象限角,所以

$\sin\alpha=-\sqrt{1-\cos^2\alpha}=-\sqrt{1-\frac{3}{4}}=-\frac{1}{2}$,

$\tan\alpha=\frac{\sin\alpha}{\cos\alpha}=\frac{-\frac{1}{2}}{-\frac{\sqrt{3}}{2}}=\frac{\sqrt{3}}{3}$.

(3) 据 $\begin{cases}\tan\alpha=\frac{\sin\alpha}{\cos\alpha}=-3, & ① \\ \sin^2\alpha+\cos^2\alpha=1, & ②\end{cases}$ 得 $\cos^2\alpha=\frac{1}{10}$,因为 2α 为第二象限角,所以 $\cos\alpha=-\frac{\sqrt{10}}{10}$,代入①式得 $\sin\alpha=\frac{3}{10}\sqrt{10}$.

7. 略.

8. 略.

自测题五

一、填空题

1. (1) $\frac{5}{6}\pi$; (2) -180; (3) $\frac{\pi}{180}$; (4) 108.

2. $\left\{\alpha \middle| \alpha=-\frac{\pi}{6}+2k\pi, k\in \mathbf{Z}\right\}$.

3. (1) 1； (2) $\frac{\sqrt{2}}{2}$.

4. (1) $x=45^\circ$； (2) $x=-72^\circ$； (3) $x=120^\circ$.

5. (1) <； (2) <； (3) >； (4) <.

6. 5，−1.

二、略.

三、计算题

9. 已知 $x=-4, y=2, r=\sqrt{x^2+y^2}=\sqrt{16+4}=2\sqrt{5}$,所以

$$\sin\alpha=\frac{2}{2\sqrt{5}}=\frac{\sqrt{5}}{5}, \cos\alpha=\frac{-4}{2\sqrt{5}}=-\frac{2}{5}\sqrt{5},$$

$$\tan\alpha=\frac{2}{-4}=-\frac{1}{2}.$$

10. 因为 α 为第三象限角,所以

$$\sin\alpha=-\sqrt{1-\cos^2\alpha}=-\sqrt{1-\left(-\frac{\sqrt{3}}{2}\right)^2}=-\frac{1}{2},$$

$$\tan\alpha=\frac{\sin\alpha}{\cos\alpha}=\frac{-\frac{1}{2}}{-\frac{\sqrt{3}}{2}}=\frac{\sqrt{3}}{3}.$$

四、略.